marketing ideas

行銷的
多重宇宙

36 個無往不利的行銷創意

陳偉航 著

精益求精，不斷更新的行銷創意

軒郁國際股份有限公司總經理　**楊尚軒**

　　認識陳老師已經 10 年了，10 年前公司因爲要轉型成爲一個多品牌經營的公司，需要找到一位具有品牌經營和行銷經驗豐富的顧問與導師，在當下我們遇見了陳老師。當時的陳老師已經退休了，面對我們這樣的一個年輕團隊，大家不免帶著一種質疑：一位已經退休的前輩是否還跟得上新的數位時代？尤其在現在資訊爆炸、著重於網路行銷和五花八門的數位行銷工具，他是否還能與時俱進的滿足現在 Z 世代年輕人的行銷需求？

　　但很快的，陳老師透過他溫和謙遜但卻精準扼要的一個個案例，輕鬆的征服了我們的團隊。在過去這 10 年當中，陳老師不僅沒有我們當初擔憂的老舊思維和古板的權威或制約，反而一直用最新的市場案例，分享他自己使用最新的數位工具（如 ChatGPT）的感想與應用，成功的引導我們這個

年輕的團隊不斷地成長，並激發出很多操作品牌的創意，而且又時不時的以他過去幾十年的品牌經營經驗，提醒著我們打造品牌該有的核心精神。

陳老師這次的新書，集合了 36 個非常經典的國際行銷案例，並透過四個面向與心法，一步一步引導著讀者去感受數位工具和行銷創意的完美結合。每一個案例在閱讀的當下，都讓我想要上網 Google 一下這個案例的資料與更詳細的內容。

陳老師就是可以用這麼淺顯易懂的文字和案例分享，去撬動每一個行銷人的創意因子。他最擅長引經據典、旁徵博引，隨手捻來就能拿出一個經典案例來回應我們品牌經營上碰到的種種問題。

本書對正在從事數位行銷與品牌經營的朋友非常有幫助，透過陳老師巧妙的整理與解說，相信你一定會和我一樣，瞬間腦洞大開、思緒泉湧，馬上就想打造出一個不一樣又有趣的行銷方案。

推薦序

實用行銷案例，激發無窮想像

中華民國青創總會名譽總會長　**羅清屏**

　　偉航與我相識已 30 多年，初識時他是上通 BBDO 廣告公司的創辦人之一，負責許多知名品牌的廣告業務，以及我所創辦的中華豆腐的廣告企劃作業。

　　在當時他表現傑出，讓該公司的業務蒸蒸日上，成為頂尖的廣告公司之一，也協助客戶創造了良好的銷售業績。同時透過他所領導的團隊努力，讓中華豆腐成為市場上的領導品牌，也因此和我成為莫逆之交。

　　由於他的學識淵博、文筆流暢，因此年輕時便在工商時報撰寫行銷和管理專欄，並於 1988 年出版了《行銷教戰守策》一書，是國內第一個闡述「定位」和「行銷戰略」觀念的人，也是第一個介紹本土案例的作者。該書出版後成為最暢銷的行銷書籍，也受到從事廣告和行銷工作人員的重視和推崇，並被許多大學列為學習和參考的教科書。

離開廣告公司以後，他擔任台灣愛惠浦企業總經理，又一手把代理進口的 Everpure 生飲設備，打造成為國內的第一品牌，成功的打入 7-Eleven 等便利商店、麥當勞等速食店、Starbucks 等咖啡店、歐式廚具店、百貨公司家電部、大型遊樂場和長榮集團等企業及建設公司的通路，成為美國以外全世界銷售最佳的代理商。

除了在廣告業和企業界擁有豐富的實務經驗以外，又擔任許多企管公司的教師，並出任崇友電梯、味丹食品、蜜納集團、西基動畫、杜禓科技、軒郁國際等許多企業的顧問，此外也出版了 10 多本書籍，可以說是成就斐然，令人敬佩！有友如是，與有榮焉！

最近他又準備出版這本有關行銷創意的書籍，要我為之作序。拜讀之後，我發現本書最大的特色是擷取了許多傑出的行銷創意案例，加以整理分類，成為非常實用和具有參考價值的範本。

書中內容涵蓋了多重的層面，既有最新的數位行銷方法，又有經典的行銷實例，應該會提升行銷人員的思維，進而激發無窮盡的想像力。相信本書的出版，必會廣受讀者的喜愛！

序

　　本書原來的書名構想是《行銷隨想曲》或《行銷 36 計／變爲上策》，寫的是各種不同的傑出行銷創意案例。

　　但是在今年由楊紫瓊主演贏得奧斯卡金像獎最佳電影《媽的多重宇宙》中，我發現本書的內容與該電影的構想有異曲同工之處，因爲本書集合的各種不同的行銷創意，猶如來自不同的平行宇宙，各有各的巧思妙想，因此本書特別更名爲《行銷的多重宇宙》，也是向華人導演和演員獲得如此殊榮的致敬！

　　本書分爲四部分：一、數位的宇宙，二、創意的宇宙，三、競爭的宇宙，四、360 度的宇宙。

　　在第一部分「數位的宇宙」介紹各種最新的數位行銷案例，強調的是「互動和參與」。

　　因爲在數位時代，分衆取代了大衆，行銷更重視的是贏得消費者對品牌的認同。因此除了針對一對一的精準訴求之外，更要讓消費者一起參與和互動，讓消費者能夠擁有身臨其境的眞實體驗，從而樂意按讚和分享，發揮更大的品牌影響力。

而且本書的第一篇，正是從「元宇宙」的新行銷方式說起。「元宇宙」是「人們以化身去探索的 3D 世界」，「元宇宙」將成為未來真實世界的一個平行宇宙，將會和真實世界無縫接軌，會顛覆現有的品牌行銷方式，非常值得重視！

　　在其他篇章還列舉了數位宇宙中非常重要的 ChatGPT 創作、互動行銷、體驗行銷、行銷實驗、大眾協作等行銷創意。

　　在第二部分「創意的宇宙」描述的是天馬行空般無拘無束的創意構想，強調的是「想像和創造」。

　　這個宇宙包羅萬象，從無中生有、舊瓶裝新酒、製造噱頭、創意急轉彎、創造戲劇性時刻、善用幽默，到說故事、販賣夢想、音樂行銷及顯現自我，代表行銷中令人無限驚奇的多元創意！

　　在第三部分「競爭的宇宙」探討各種不同的競爭手法，著重的是「挑戰和應變」。

　　要在一片紅海的宇宙中殺出重圍，必須要有挑逗消費者感官、挑戰競爭對手的非常手段，才能激起消費者對品牌的熱情，引燃更多的注意和討論，擴大為病毒行銷或口碑行銷。

　　因此在這個宇宙中包括了事件行銷、話題行銷、攻擊行銷、突擊行銷、游擊行銷、感性行銷、整合行銷、聯名品牌行銷等策略，是企業和品牌必須考慮的競爭策略！

　　在第四部分「360 度的宇宙」闡述的是全方位的行銷觀點，面對快速改變的世界，必須不斷的「學習和創新」。

在這個宇宙中提出的是 360 度的視野，包括命名策略、紫牛策略、廣告口號、卡通人物擬人化、創造典範、傳達理念和信念、注重公益和永續發展，是企業和品牌必須了解的課題。

我們已經處在一個多變和多重宇宙的世界，真實和虛擬不分，紅海和藍海交界，企業和品牌的生存之道就是順應潮流、積極應變！

因此，本書提出的多元行銷創意，可以提供大家更豐富的靈感和參考！

目 錄

第 1 章 ❖ 數位的宇宙：互動和參與 013

第**3**章 競爭的宇宙：挑戰和應變 115

第 **1** 章

數位的宇宙：
互動和參與

「數位的宇宙是一個巨大的、相互關聯的網絡，它改變了我們溝通、工作和生活的方式。」
—— Tim Berners-Lee，互聯網的發明者。

我們現在的生活正處在最輝煌的時代，科技發展、自動化、人工智慧的演變以及我們可以想像的所有網路上的點擊、滑動、搜尋和瀏覽，代表「數位行銷」已經占據了 21 世紀的整個世界，而這一切都是為了用正確的訊息，在正確的時點，精準的吸引目標消費者。

　　「數位行銷」的中心是人，「數位行銷」的重點是做人們感興趣的事。因此內容是所有「數位行銷」的基石，內容吸引讀者、帶來流量、促成銷售。我們的內容是我們與世界溝通的方式──它展示我們的專業知識和產品，加強我們和顧客的關係並最終帶來收入。

　　「數位行銷」不只是技術，不只是數據統計和分析。它涉及人性，它需要創意。它不是單向的運作，而是雙向的溝通，它必須帶給顧客難忘的體驗。因此，單向的訴求已經無法打動消費者的心，消費者渴望參與和互動。

　　「元宇宙」帶來的衝擊是真實與虛擬世界的界限越來越模糊，虛即是實，以虛為實，行銷可以虛實合一。

　　「ChatGPT」帶來的衝擊是知識不再是力量，因為知識唾手可得。思考才是力量，獨立思考判斷的能力才是未來行銷者的生存之道。

　　在數位的宇宙中，人與人之間的聯繫，無遠弗屆；人與人的溝通，無比密切。

01

「元宇宙」、虛擬花園和小鎮

以虛為實，把握「元宇宙」隱藏的商機，
創造更大的想像力！

2021 年開始，「元宇宙」（Metaverse）掀起了熱潮，許多人在討論這個新興的趨勢。

有人將「元宇宙」視為一種流行時尚，一種線上電子遊戲的延伸，另一種泡沫的開始，或是 Meta 公司的一場造勢活動。然而，許多大公司和科技公司已經開始押注在「元宇宙」的未來商機。

例如，大型多人線上遊戲平台《要塞英雄》（Fortnite）的開發商 Epic 娛樂公司最近一輪的 10 億美元募資中，Sony 公司就投下了 2 億美元。加密去中心化交易平台 Boson Protocol 公司支付了 70 萬美元，在 3D 虛擬世界《獨立城》（Decentraland）的一塊虛擬房地產中建造了一個虛擬購物中心。

同時，許多品牌和企業也透過新的行銷方式，在「元宇宙」中找到新的商機。例如，Gucci 在《機器磚塊》（Roblox）電玩遊戲中以比真品更高的價格出售了一個虛擬包。Nike 在《要塞英雄》電玩遊戲中推出了虛擬喬丹鞋。可口可樂在《獨立城》虛擬世界推出了虛擬可穿戴夾克。

在時尚品牌中，Gucci 搶先進入「元宇宙」的世界中。2021 年 5 月 17 日，Gucci 為了慶祝品牌的 100 週年慶，並實現「透過結合過去與現代來編寫未來故事」的企業使命，在《機器磚塊》電玩遊戲中打造了一個「Gucci 花園」的虛擬空間。

「Gucci 花園」提供虛擬的義大利佛羅倫斯沉浸式多媒體

體驗，它和實體店的體驗一樣，內部分成不同的主題空間，陳列 Gucci 的虛擬商品，訪客可以探索並欣賞 Gucci 獨一無二的創意願景和眾多的靈感來源，並向好友分享參觀展覽的感受。此外，Gucci 也可以讓訪客直接購買和穿戴獨家限定的 Gucci 虛擬服飾。

「Gucci 花園」的虛擬體驗只開放 14 天，從 5 月 17 日上午 6 點到 5 月 31 日凌晨 12 點，結果有超過 2 千萬玩家參觀。雖然時尚和藝術看似難以接觸，但是 Gucci 透過「元宇宙」的虛擬世界，可以讓它更加接近成千上萬的消費者。

也就是在「Gucci 花園」的義大利館展覽中，Gucci 的虛擬「希臘酒神戴歐尼修斯」（Dionysus）蜜蜂包，在限時 1 小時的拍賣中，以 4,115 美元售出，比售價 3,400 美元真正的蜜蜂包高出近 800 美元，造成了轟動。其他幾款 Gucci 虛擬商品雖然也被售出，包括一個帶鉚釘的籃球包、鑽石太陽眼鏡和一個吉他盒，但都不如蜜蜂包那麼搶手。

Reddit 社群網站創始人奧哈尼特別指出，這個虛擬蜜蜂包在《機器磚塊》世界之外沒有任何價值、用途或可轉讓性，但它比實體商品更值錢。這就是「元宇宙」的神妙迷人之處！

2022 年 5 月，Gucci 更進一步在《機器磚塊》電玩遊戲內部建立了一個持久的虛擬「Gucci 小鎮」。

在「Gucci 小鎮」的虛擬空間裡設有一個中央花園，將各個區域連接在一起，包括一個迷你的遊戲空間、一間咖啡館和一家虛擬商店，玩家當然可以在其中為他們的化身購買虛

擬的 Gucci 服飾。

Gucci 的目的是透過「元宇宙」的世界來和粉絲建立更緊密的互動關係。除了和《機器磚塊》電玩遊戲合作以外，Gucci 還和《英雄聯盟》電子競技組織合作推出一款背包，和微軟合作推出一款非常昂貴的 Xbox 遊戲機。

事實上，許多時尚品牌也都進行了類似的合作，包括巴黎世家（Balenciaga）和《要塞英雄》、瓏驤（Longchamp）和《寶可夢》（Pokémon Go）。

2021 年 9 月，奢侈時裝品牌巴黎世家宣布和《要塞英雄》電子遊戲合作，巴黎世家爲《要塞英雄》的玩家帶來了四個粉絲最喜歡的角色——狗狗、拉米雷斯、騎士及女巫的全新套裝。新服裝配有新的巴黎世家的背飾和十字鎬等裝飾品，讓玩家可以用完全獨特的方式表達自己。

隨著數位套裝的推出，巴黎世家在《要塞英雄》的虛擬世界裡還推出一家虛擬專門店，其靈感來自該品牌的實體店。除此之外，巴黎世家和《要塞英雄》還聯手推出了限量版的實體服裝，包括新系列的帽子、T 恤、連帽衫等，僅在部分的專門店和官網有賣。

「元宇宙」在本質上，它是一個無限的、相互關聯的虛擬世界，人們可以使用虛擬實境頭盔、擴增實境眼鏡、智慧手機

app 或其他設備在這裡見面、工作、娛樂和購物。

　　為何「元宇宙」會如此令人著迷？如果深入探討消費者的行為，就可以了解「元宇宙」為何會成為人們未來生活的平行世界。

　　對於新新一代來說，遊戲就是社交生活。根據統計，87% 的 Z 世代和 83% 的千禧一代每週都會花不少時間在玩電子遊戲，並且在智慧手機、遊戲機和電腦上使用社群媒體聊天。

　　不僅如此，超過 65% 的 Z 世代會花錢買遊戲內的物品。如果你覺得這很荒謬，問問任何一個 13 歲的孩子他們的想法，新新一代正在發生更大的行為變化。而企業也逐漸認識和重視這個趨勢，因為「元宇宙」不再僅僅是一個流行語，它已經逐漸在成形，而且隱藏著未來巨大的商機。

　　「元宇宙」到今天已經有三波的演進：

　　第一波包括非常熱門的《機器磚塊》、《要塞英雄》電玩遊戲，允許使用者設計自己的遊戲、物品、T 恤及衣服，以及遊玩自己和其他開發者建立的各種不同類型的遊戲。

　　還有可以開發和擁有土地、買賣藝術品及 NFT（非同質化代幣）的《獨立城》和《上城》（Upland）虛擬世界。

　　第二波包括全球知名的藝術品拍賣公司蘇世比（Sotheby）推出了一個名為「蘇世比元宇宙」的新平台，並

且在這個平台上舉辦了一場虛擬拍賣；吸引了數千名新買家，並產生了超過 1,700 萬美元的拍賣款。

另外，可口可樂公司在 NFT 的線上交易市場 OpenSea 上拍賣可口可樂推出的首款「神祕盒」NFT，結果成交價超過 575,000 美元。

第三波則帶來了「D2A」（直通化身）的新行銷方式。「D2A」就是「Direct to Avatar」，可以翻譯為「直通化身」或「直通阿凡達」，亦即企業將商品在「元宇宙」的虛擬世界中，直接賣給消費者的化身。

奢侈品品牌顯然是「D2A」的先行者——每個人都想要一個穿著能反映他們個人風格的化身頭像。因此，巴黎世家開始為《要塞英雄》等遊戲中的化身頭像製作外觀，RTFKT Studios 則為線上遊戲愛好者設計虛擬的限量訂製運動鞋。

此外，一個意想不到的行業也加入了「D2A」的行銷浪潮，那就是汽車業。特斯拉以及阿斯頓馬丁、瑪莎拉蒂、勞斯萊斯等豪華汽車品牌都在科技巨頭騰訊發布的《使命召喚》電玩遊戲中推出汽車的虛擬版本。

奢侈品品牌競相投入「D2A」的行銷浪潮，原因是它能夠吸引年輕人。年輕人在虛擬世界中花費的時間越來越多，他們對虛擬世界中的自我表達越來越感興趣；而且它為品牌在數位廣告和內容之外提供了一種更有意義、更有影響力的方式來與年輕消費者建立聯繫。

總而言之，「D2A」所建立的商業模式為：品牌和創作者可以將他們的商品直接銷售給一個人的虛擬化身。

過去直接面向消費者的「D2C」商業模式消除了中間商；但是，「D2A」未來銷售的演變將完全繞過人類，直接向人類的化身銷售商品。

我們即將進入「以虛為實」的時代，企業必須把握「元宇宙」隱藏的商機，創造更大的想像力！

由於「元宇宙」為互聯網帶來了新的維度，品牌和企業需要考慮他們當前和未來在其中的角色。在「元宇宙」未來的行銷中，創造力是決定性的競爭優勢，因為新的遊戲規則還未成形，一切皆有可能。企業和品牌應該開始更有創意的思考「虛擬優先」的商品和服務。

未來銷售的商品可以不受物理或行銷慣例的約束──它們可以是任何東西，甚至可以為陷入困境的品牌提供在「元宇宙」中重塑自我的機會。例如原已式微的電動遊戲廠商雅達利（Atari）在《獨立城》中建立了加密賭場，大受歡迎。這代表企業和品牌在「元宇宙」中，可以有不同的選擇和有更多的發展空間。

隨著全球新冠疫情的大流行、氣候變化和經濟不確定性籠罩著人們的日常生活，讓「元宇宙」成為未來逃避現實的另一個世界，誰能在這個虛擬的世界裡先馳得點，將決定未來的品牌命運。

02

反戰藝術、音樂家和皮草

透過 AI（人工智慧），ChatGPT
為行銷帶來新利器！

自從微軟公司推出 ChatGPT 以後，給人們帶來了新的震撼！

ChatGPT 是 OpenAI 公司基於 GPT（Generative Pre-trained Transformer）架構打造的 AI（人工智慧）語言模型，它於 2020 年 6 月公開發布，一發布就轟動，在不到 2 個月的時間，用戶就突破 1 億。

根據統計，要達到 1 億用戶，手機花了 16 年，互聯網花了 7 年，Facebook 花了 4.5 年，WhatsApp 花了 3.5 年，Instagram 花了 2.5 年，抖音花了 9 個月，由此可見 ChatGPT 多麼火熱！

ChatGPT 可以用類似人類語言的方式回答問題，因為它已經接受了來自互聯網的大量數據訓練，包括來自書籍、文章和網站的文本，並且可以生成關於廣泛主題的回答。作為一種 AI 語言模型，ChatGPT 會根據從用戶那裡收到的反饋不斷學習和改進其回答。

目前已經有很多公司在使用 ChatGPT 進行行銷工作。例如：

- **Mastercard**：Mastercard 使用 ChatGPT 開發了一個名為 Kai 的虛擬財務助手。Kai 幫助用戶管理自己的財務，並根據用戶的需求和偏好提供個性化的金融商品和服務推薦。

- **Hugging Face**：Hugging Face 是一家對話式 AI 新

創公司，它開發了一種用於自然語言處理的開放來源 ChatGPT 模型。公司可以使用此模型為其網站和手機 app 建立聊天機器人和虛擬助手。

- **OpenAI**：OpenAI 是 ChatGPT 模型本身開發背後的公司。他們為企業提供應用程式介面（API）以使用該模型並建立他們自己的對話式 AI app。

- **Adobe**：Adobe 使用 ChatGPT 為其網站開發了一個人工智慧聊天機器人，名為 Adobe Experience Cloud Bot。聊天機器人幫助用戶瀏覽網站並找到他們需要的產品和服務。

　　上述的公司使用 ChatGPT 進行行銷，主要是使用它來為客戶創造更加個性化和引人入勝的體驗。例如，使用 ChatGPT 開發虛擬助手或聊天機器人，可以根據用戶的需求和偏好提供個性化的推薦和支持。這有助於提高客戶滿意度和忠誠度，並增加公司的銷售額和收入。

　　此外，有一些機構運用 AI 和 ChatGPT 來進行廣告宣傳。例如：斯洛維尼亞的特魯荷馬（Truhoma）慈善機構在烏克蘭戰爭一週年之際，以 AI 的製作方式推出了系列的宣傳活動。由於長期的戰爭導致烏克蘭數百萬人流離失所，需要緊急的人道主義援助。因此，特魯荷馬慈善機構使用 AI 生成的藝術和 ChatGPT 製作的廣告影片，向大眾募款來幫助烏克蘭平民。

首先，該宣傳活動把烏克蘭正在進行的真實戰爭新聞標題，應用 AI 圖像工具 Craiyon，產生一系列超現實圖像，幾乎無法和現實分辨。

同時也邀請數十名全球 AI 藝術家加入這項活動，把創作發布在 #AIartNotHumanWar 網站，結果引起大眾參與，共同創作了 200 多件反戰作品，讓世人更關心烏克蘭戰爭的發展。

接著，它使用 ChatGPT 寫了一封支持烏克蘭人民的信。信中如此書寫：

親愛的烏克蘭人民：

今天是烏克蘭戰爭一週年，我想花點時間向你們每一個人表示支持。我知道過去的一年充滿了難以想像的艱辛、痛苦和失落。你們已經經歷了這麼多，但你們繼續挺身而出，為正確的事情而戰。

請注意，在這場戰爭中你們並不孤單。我和你們站在一起，許多欽佩你們的勇敢和堅強的人也與你們站在一起。你們在逆境中的勇氣鼓舞了我們所有人，也證明了烏克蘭人民堅不可摧的精神。

願你們在心中找到安慰，知道更美好的日子在前方，更光明的未來等待著你們。我祈禱和平與穩定早日回到你們心愛的國家，戰爭的創傷會隨著時間的流逝而癒合。

獻上衷心的支持

AI 聊天機器人

在該信之後的廣告說：「也許 AI 可以寫一封充滿情感的支持信，但需要人的心才能提供直接幫助。請大家現在踴躍捐款！」

自從該宣傳活動推出後，特魯荷馬慈善機構把募得的款項，購買了超過 1,500 箱（20 噸）的食品和生活必需品送到烏克蘭家庭，整個活動還在持續進行中。

奧克蘭愛樂樂團也以 AI 繪圖方式推出「摩登古典」廣告。

古典管弦樂團曾經是文化娛樂的縮影，現在卻難以跟上並吸引年輕人群的注意力。因此，紐西蘭的奧克蘭愛樂樂團透過 AI 繪圖，以新鮮和現代的方式展現古典音樂大師的肖像，希望為他們永恆的作品帶來新生命，也為古典音樂帶來現代感！

該廣告有三個主題：

一、「如果貝多芬活在今天，他會在抖音上大出風頭！」

二、「如果莫札特還在演奏，他會賣光音樂會門票！」

三、「如果巴哈還在作曲，他會和當代女歌手 Lady Gaga 合作！」

根據這三個主題，他們運用了 AI 繪圖的方式，賦予了貝多芬、莫札特和巴哈的肖像更年輕、更時尚的感受，讓年輕人感到新鮮和親切。

根據一項研究，每年有超過 4,000 萬隻動物在野外被獵殺，並將其製成皮草。因此，世界自然基金會（WWF）在 2023 年年初，推出了一個系列性的平面廣告。廣告內容由不同的模特兒穿著各式各樣的皮大衣、皮夾克和貂皮大衣。在模特兒身體後面有一排字：「你正在牠的皮膚之下」。

　　該廣告目的在提醒人們穿著皮草就是傷害野生動物。

　　這些圖片最大的特色為：不管是模特兒或她們身上穿的皮草，都是使用 AI 人工智慧軟體 Midjourney 生成的，因此完全符合反對殺生的原則。

　　企業也可以使用 ChatGPT 製作客製化和個性化的廣告。假設一家運動服裝公司想要在社群媒體上向潛在客戶推廣他們的新系列跑鞋，該公司可以從分析用戶社群媒體活動的數據開始，例如他們的喜好、評論和分享。然後，ChatGPT 可以生成直接反映用戶興趣和偏好的廣告文案，創建更加個性化的訊息。

　　例如，如果用戶經常按讚和分享有關越野賽跑的貼文，ChatGPT 可以生成廣告文案，突出新跑鞋在崎嶇地形上的耐用性和抓地力。如果用戶經常瀏覽有關健身挑戰和馬拉松賽的貼文，ChatGPT 可以生成廣告文案，強調鞋子的舒適性和有利長跑的功能。

　　該公司還可以使用 ChatGPT 生成針對每個用戶感興趣的廣告圖像或影片。例如，如果用戶經常瀏覽有關戶外活動的

貼文，ChatGPT 可以在風景秀麗的小徑上生成新跑鞋的廣告圖片。

除了行銷和廣告以外，企業還可以使用 ChatGPT 進行促銷、公關、創意、文案撰寫等工作。

使用 ChatGPT 進行促銷：

以送餐服務業來說，它可以在其網站或手機 app 上使用 ChatGPT 的聊天機器人來向客戶提供促銷和折扣。

聊天機器人可以了解客戶的偏好和訂單歷史，推薦適合他們特定需求的促銷活動。還可以提供客戶送貨狀態的即時更新，例如預計送貨時間、送貨司機的姓名以及司機車輛的位置。

使用 ChatGPT 進行公關：

以醫療保健組織來說，它可以使用 ChatGPT 在 Twitter 和 Facebook 等社群媒體平台上回覆患者的詢問和反饋。ChatGPT 可以分析患者的情緒，並生成具有同理心、訊息豐富且專業的回覆。

還可以使用 ChatGPT 來推廣他們的服務和活動。例如，創建個性化的電子郵件訊息和在社群媒體貼文，告知患者新服務、患者成功醫治的案例和即將發生的事件。

使用 ChatGPT 進行創意工作：

以廣告公司來說，它可以使用 ChatGPT 爲客戶的新產

品發布集思廣益。ChatGPT 可以分析有關客戶行業、目標消費者和競爭狀態的數據，以生成獨特、相關且有效的創意概念。

ChatGPT 可以分析客戶的品牌方針、風格偏好和創意特點，以生成一致、符合品牌且具有視覺吸引力的設計。

使用 ChatGPT 進行文案撰寫：

以數位行銷公司來說，它可以使用 ChatGPT 分析客戶的社群媒體表現最佳的主題和貼文類型，以生成更能引起消費者共鳴的標題和內文。並可以分析客戶的目標消費者、行業趨勢和關鍵字的數據，以生成更能將點擊轉換為客戶的廣告文案。

總而言之，透過 AI（人工智慧），ChatGPT 為行銷帶來新利器！雖然 AI 和 ChatGPT 發展，給人們帶來威脅，但也會帶來新的機會。它會對設計、文案、藝術、遊戲、寫作、教育、媒體、廣告等行業造成廣泛的影響。估計有 44% 的低教育工作者會因自動化在未來 15 年失去工作，但是也會有更多新的工作機會產生。

人類的智慧永遠不會被機器取代，因為人類的創意和想像力是機器所無法企及的。

未來已經進入「人機協作」的社會，善用 AI 和 ChatGPT 的新利器，可以讓人們提高效率，無往而不利！

03

按鈕、凝視和自拍

「互動行銷」，讓商品和顧客之間建立關係！

免費贈品、試吃、送優惠券——這些促銷活動似乎都引不起人們的興趣，還有什麼更新鮮的方法呢？

澳洲的「神奇點心」（Fantastic Delites）公司發現：「你送東西給人們，人們並不一定感興趣，但如果你向人們挑戰，讓他們贏得獎品，他們反而會大感興趣。」因此「神奇點心」推出了「你會做到什麼程度來獲得神奇點心？」的挑戰活動。

首先，他們在溫莎花園街頭的廣場安裝了一台自動販賣機，要求人們為他們做一些事，可以獲得一盒「神奇點心」的獎品。

第一階段是按鈕。

自動販賣機的螢幕會秀出「按1百下有免費禮物」，接著變成「按2百下有免費禮物」，因此從按1百下開始將越來越困難，2百、3百……1千到最後按5千下才會得到一盒點心。這個方式測試人們為了得到禮物會多有耐心去按鈕。

第二階段是挑戰。

自動販賣機會指示人們做不同的動作，例如：下跪膜拜、單腳跳舞、跳機械舞、跳太空漫步或躺在地上等，只要照著做就會得到一盒點心。

「神奇點心」推出的這項挑戰活動參加的人非常踴躍，而且旁觀的人越來越多，現場氣氛越來越興奮。

總結這項活動成功的原因是：通過要求人們做一些簡單的事，它給了人們一個享受樂趣的藉口，同時它讓人們潛意

識的認為這個品牌很有趣。

　而且，將挑戰升級也是非常聰明的方式，挑戰變得越困難越有趣，獲得獎品時的感覺就越好。「神奇點心」證明了讓人們有機會玩得開心，他們會為你的要求做任何事。

　發布新聞稿、舉辦記者發表會、刊登或播放廣告，除此之外，新商品上市還有什麼新花招呢？

　為了替 Galaxy S4 手機新上市造勢，並突顯手機的「眼球追蹤功能」，三星推出了「凝視」的挑戰活動。

　Galaxy S4 手機的「眼球追蹤功能」，讓顧客可以在不觸摸手機的情況下用眼球滑動手機。「眼球追蹤功能」能夠判斷用戶是否將視線從手機上移開。如果移開視線，影片會暫停；當視線到底部時則會向下滾動網頁。

　「凝視」的挑戰活動由三星和瑞士的 Swisscom 電信公司合作，他們在 2013 年於蘇黎世火車站的陽台上設立了一個廣告看板，上面說明：「任何乘客盯著它看一個小時而不移開視線就可獲得一台免費的 Galaxy S4 手機。」

　看起來很簡單，但其實不容易。因為當乘客在接受挑戰時，三星會派人推熱狗販賣車在旁叫賣、派歌手彈吉他、讓德國牧羊犬吠叫和派特技摩托車手現場表演等活動來分散挑戰者的注意力。

　最後，還是有一個人終於做到了，並獲得手機。

這個簡單而富有創意的遊戲，不但宣傳了 Galaxy S4 手機的功能特點，也激起了消費者的好奇心和興趣，給銷售帶來實際的幫助。

⋊⋉⋊⋉

除了介紹商品特點，新商品上市還能如何造勢呢？

為了慶祝限量版 Absolut World 伏特加的推出，並宣揚「天涯若比鄰、四海為一家」的理念，瑞典的 Absolut 公司和德高戶外廣告公司合作，在新加坡和德國推出了「全球互動自拍活動」。

Absolut 是世界上最大的烈酒品牌之一，僅次於 Smirnoff 和 Bacardi，在全球 126 個國家或地區銷售。

「全球互動自拍活動」從 2018 年 5 月 8 日起，Absolut 在新加坡樟宜機場和德國法蘭克福機場設立數位看板，開始宣傳該活動。

由於機場的免稅商店是旅客購買酒品的最重要場所，也是活動推出的最好地點。數位看板會提示等待登機的旅客用手機拍下自己的照片，上傳到 Absolut 網站，並附上他們的姓名、年齡、城市和旅行建議。結果有 6 千多張自拍照上傳到 Absolut 網站，同時 Absolut World 伏特加的銷量增加 32%，並被各大媒體廣泛報導。

透過這個活動，Absolut 不但打響了 Absolut World 伏特加的名號，而且拉近了人與人之間的距離，開闢跨越國際邊

界的新聯繫，並真正提升了旅行的體驗。

以上三個活動，都是典型的「互動行銷」案例。

「互動行銷」已經存在了幾十年，但隨著互聯網和數位技術的興起，它真正在 1990 年代開始普及。2000 年代初互聯網的廣泛應用和社群媒體平台的出現，進一步加速了「互動行銷」的發展。

在「互動行銷」的早期，企業主要使用電子郵件和官網來與客戶互動。然而，隨著技術的發展，企業現在使用更廣泛的通道，包括社群媒體、app、虛擬實境（VR）和擴增實境（AR）等。例如：

宜家 (IKEA) 的 「虛擬實境商店」：

宜家採用 360 度的 VR 瀏覽方法，讓顧客可以探索其虛擬的陳列室並以 3D 方式查看產品。這種交互式體驗使顧客能夠滿足他們個別的需要，並更容易想像商品在他們家中的布置狀況。結果，宜家的客流量和銷售額增加了 20%。

Nike 的 「Nike+ Run Club app」：

Nike 推出的這款交互式健身 app，通過 GPS 追蹤、指導跑步鍛練、訂製教練計畫，允許用戶追蹤他們的跑步、設定目標與其他用戶競爭，並得到朋友和其他用戶的友好激勵。此外，也提供各種挑戰和獎品，讓參與者更加投入。

「互動行銷」可以採用多種不同的形式，包括：

社群媒體行銷：在 Facebook、Instagram、Twitter 和 LinkedIn 等社群媒體平台上與客戶和潛在客戶互動。

電子郵件行銷：通過個性化訊息和廣告性用語向客戶和潛在客戶發送有針對性的電子郵件。

內容行銷：設立部落格，分享文章、影片和圖表等內容，以鼓勵讀者互動和參與。

遊戲化：在行銷活動中加入遊戲，以提高顧客的參與度。

互動廣告：推出讓用戶與內容互動的廣告，例如可以滑動、點擊或滾動的廣告。

總而言之，「互動行銷」的目標是為消費者創造更具吸引力和個性化的體驗，這有助於與客戶建立更牢固的關係並提高品牌忠誠度。

「互動行銷」，讓商品和顧客之間建立關係！讓顧客參與、產生興趣，讓顧客愛上你！

04

空中服務秀、焦慮測量儀、
分歧的世界和羅浮宮過夜

親身體驗勝過千言萬語，
「體驗行銷」威力無窮！

如果把飛機上的服務搬到地面上，讓人們親身體驗如何？

維珍航空（Virgin Atlantic）公司為了想向一般大眾展示他們的空中服務是一流、有趣而且是最棒的，所以他們在 2014 年的夏天在紐約上演了一場地面的「空中服務秀」。

首先，他們在紐約曼哈頓的公園租了一個普通的長凳，推出了一個「不尋常的模擬空中服務實境秀」，讓來公園的遊客留下難忘的經驗。

完全不知情的遊客在一張特定的板凳坐下，馬上有維珍航空公司的空中服務員前來為遊客擺上餐桌、鋪上餐巾，提供飲料和食物，還有一個選台器。

遊客拿著選台器，除了可以選擇看電影以外，也可選擇各種愛情、動作、科幻還是懸疑的戲劇，接著就會有真人出現在現場表演，讓遊客大感驚喜！由於噱頭十足，引起現場觀眾圍觀，該活動也吸引了媒體報導，達到了宣傳目的。

在地面上就可體驗在空中飛機上的服務，維珍航空的這場秀精彩十足，讓體驗者津津樂道。

如果有儀器可以讓人免費測量焦慮程度會如何？

2020 年克羅埃西亞遭受 5.5 級地震襲擊，再加上該國新冠病毒感染的平均死亡人數在世界上排名第 8，因此過去 3 年是克羅埃西亞人面臨壓力最大的時期，所有的這些都導致了心理健康問題驚人的增加。

克羅埃西亞保險公司為了提醒人們關注長期情緒壓力帶來的危險，和忽視心理健康帶來的後果，在 2021 年 10 月推出了「人工智慧焦慮測量儀」的宣傳活動。

他們在戶外設立了一個「人工智慧焦慮測量儀」。當路人走過時，螢幕會邀請他們參與測試。願意測試者站在螢幕前等待 5 秒以表示同意，讓電腦應用程式偵測他們的臉，經過自動測量後，螢幕會向他們顯示他們的焦慮程度測量結果。同時，焦慮級別高的人會被引導進行免費的預防性心理檢查，而級別較低的人則收到有關健康保險重要性的訊息。

這個「人工智慧焦慮測量儀」內藏攝影機，使用人工智慧情緒識別算法，這些算法能夠執行面部編碼並測量路人的焦慮程度。

這套人工智慧情緒識別算法結合了 Google 面部網格和自動面部情緒識別技術以及其他算法，讓機器學習分析人的面部肌肉，以辨識定義為焦慮的 8 種情緒組合。

這項宣傳活動推出以後，有 1/3 的路人參與測試，平均互動時間為 18.8 秒，比傳統戶外廣告的平均停留時間長817%。最後，有 8% 的克羅埃西亞人接受測試，31.22%的人進一步做了預防性心理檢查，24% 的人有意願購買克羅埃西亞保險公司的保單，該公司的健康保險銷售增加了21.83%。

即使活動已經結束，「人工智慧焦慮測量儀」仍將繼續存在於克羅埃西亞保險公司的 app 中，讓所有需要它的人都可

以免費使用。

透過實際的儀器測量，可以讓人們提高健康意識，也可提升保險業務，可以說是一舉兩得。

如果可以讓意見相左的人坐在一起邊喝啤酒邊聊天會如何？

在民主社會，人們意見分歧是習以為常的事。但是，企業若要對政治或社會議題提出自我主張，則是一件吃力不討好的事！然而海尼根啤酒仍然在網路上推出了一個「分歧的世界」廣告影片，讓人刮目相看。

廣告中提出了一個問題：「兩個意見不同的陌生人，可以證明他們其實能夠超越歧見而擁有相同的觀點嗎？」

這支廣告影片做了一個實驗，找到 6 個不同社會觀點的人，他們把一個「不相信氣候變遷的人」和一個「環保鬥士」配對；一個「認為女性主義即是憎恨男性的男人」和一個「相信女性主義的鬥爭永遠不會真的結束的女人」配對；一個「變性的女人」和一個「主張你不是男人就該是女人的男人」配對。

所有參與者都是陌生人，他們被分成二人一組，彼此不知道對方的社會觀點。

首先，他們透過共同努力完成製作一張凳子的任務，開始初步認識和了解對方。在凳子建造完成後，他們坐下來，用五個形容詞形容自己，舉出他們和他們的「夥伴」相同的三

件事情。接著每個人拿一瓶海尼根啤酒，放在吧台上，站著觀看牆上播放他們各自講述自身信念的影片。

看完雙方的陳述以後，他們可以選擇留下來喝海尼根啤酒並討論彼此的看法，或選擇離開。結果所有人都選擇留下來。

雙方留下來討論的結果是，他們發現彼此其實可以接納對方的觀點。因此廣告最後提出了一個簡單的訊息：「打開你的心門」。

海尼根的這支廣告影片，雖然不是在賣商品，但透過一個聰明的實驗，打開了人們的心結，對品牌是大大的加分！

如果可以在著名的巴黎景點羅浮宮過夜會如何？

眾所皆知，羅浮宮是世界上參觀人數最多的博物館，每年的遊客超過 700 萬人。羅浮宮擁有超過 35,000 件藝術品，包括《蒙娜麗莎》、《薩莫色雷斯的勝利之翼》和《米洛的維納斯》。

因此，在 2019 年 Airbnb 推出了一項活動，為慶祝貝聿銘設計的羅浮宮金字塔建成 30 週年，提供一位幸運的獲勝者和一位嘉賓，可以在羅浮宮內過夜。

Airbnb 與羅浮宮合作，在金字塔內建造了一間小型金字塔形臥室，讓客人能夠在星空下入睡，享受真正獨一無二的住宿體驗。而且在睡前，這兩名客人還會在一位藝術史學家的帶領下，參觀羅浮宮內的藝術作品。他們在《蒙娜麗莎》畫作前享用雞尾酒，在維納斯雕像前共進晚餐，接著在豪華的

巴黎休閒沙發上放鬆身心，聆聽黑膠唱片上的法國音樂；最後，客人將在拿破崙三世的豪華公寓中，享受一場由法國藝術家莎拉珍妮齊格勒演唱的原聲音樂會。

在這個非常特別的夜晚結束時，客人將回到金字塔下的臥室，享受一場堪稱世紀之作的過夜活動。

為了推出這項活動，鼓勵人們參與競賽，Airbnb 和羅浮宮在 16 個地區展開了一項整合的宣傳活動——包括戶外廣告、平面廣告、公關活動和社群媒體的傳播。

人們想要金錢買不到的體驗，透過這個神奇而難忘的「羅浮宮過夜」體驗活動，Airbnb 成功的引發了全世界的談論。

上述的例子正是「體驗行銷」的最好範例，「體驗行銷」可以採取多種形式，包括產品展示、現場活動、虛擬實境等。目標是通過提供與消費者產生共鳴的獨特且引人入勝的體驗，在消費者與品牌之間建立積極的聯繫。

「體驗行銷」通過創造有趣、娛樂或教育的體驗，品牌可以與客戶建立持久的關係，並在消費者心目中樹立積極的形象。

許多公司已將「體驗行銷」作為在擁擠的市場中脫穎而出並與客戶建立更牢固聯繫的一種方式。通過提供令人難忘的體驗，企業希望能夠培養忠誠的客戶，促使客戶重複購買並向他人推薦他們的品牌。

親身的體驗勝過千言萬語，「體驗行銷」威力無窮！

05

機車、零卡路里可樂、
刮鬍刀和鐵路安全

透過社群媒體，善用「數位行銷」，
征服年輕人的心！

哈雷（Harley Davidson）機車是美國重型機車的領導品牌，2016 年它為了在澳洲和紐西蘭推廣 Street 500 新車，想要吸引年輕族群購買，在年輕人中打響新車知名度，那該怎麼做呢？

　　他們委託馬倫洛維廣告公司企劃，針對澳紐地區 18 ～ 35 歲的年輕男性做宣傳。馬倫洛維廣告公司根據這群年輕人的興趣、喜好和消費習性的調查，提出了以社群媒體 Instagram 為主的廣告活動。

　　廣告活動的構想是「道路將帶你去哪裡？」

　　在這個活動構想的概念下，更進一步鎖定年輕人最容易產生共鳴的三個主題：食物、海洋和戶外活動。

　　因此他們委託了澳洲當地的藝術家，以上述的三個主題，用他們的想像力和繪畫技術，製作了一系列的連環漫畫圖。

　　在這一系列的連環漫畫圖中，每個主題都有五個獨立的插圖，當連接在一起便會形成故事情節。整個漫畫的視覺風格更融入了哈雷機車文化中流行的紋身圖樣和圖案，讓品牌的意識更突出。

　　這些漫畫顯示了騎哈雷機車可以去的好玩和好吃的地方，通過這些有趣的漫畫來吸引喜歡冒險的年輕族群。

　　這系列的連環漫畫圖在 2016 年 6 月 2 日至 30 日在 Instagram 上登出，結果在短短三週期間，吸引到 140 萬的

18 ～ 35 歲男性點閱和 8,365 次官網的瀏覽，成功的幫助哈雷機車實現了讓年輕族群產生共鳴的目標。

2015 年可口可樂公司想要在丹麥推廣「零卡路里可口可樂」（Coke Zero），希望能吸引青少年的喜愛，該怎麼做呢？

可口可樂公司最後決定，不是採取簡單的免費送可樂活動，而是使用 Facebook 推出「猜謎遊戲」的宣傳活動。

可口可樂在 Facebook 的「動態消息」上推出了一個網路遊戲，舉辦猜謎，猜中就送「零卡路里可口可樂」作為獎勵。可口可樂決定使用 Facebook 的「動態消息」做活動，是因為它在青少年中的使用率高達 84%，不但可以讓青少年普遍都收到這個訊息，而且可以很快就點擊到。

一旦青少年成功的解開謎題，他們只要提供手機號碼就能夠收到免費贈送「零卡路里可口可樂」的兌換券，因此卽可在任何一家 7-Eleven 的商店兌換。

結果有 9 萬多名玩家參與，80% 的玩家提供了自己的電話號碼，3.5 萬多名青少年（超過 10% 的丹麥青少年）向 7-Eleven 商店兌換免費的「零卡路里可口可樂」。

這個活動的成功是善用社群媒體 Facebook 來作宣傳，並透過遊戲帶動青少年的參與。

2012 年麥可·杜賓（Mike Dubin）設立了「美元刮鬍刀俱樂部」（Dollar Shave Club），採取每支刮鬍刀 1 美元的低

行銷的多重宇宙

價策略，準備打進年輕人的市場，但是究竟如何宣傳呢？

最後麥可決定自己拍一支影片，放在 YouTube 上播放，結果一播出就造成轟動，在網路上瘋傳。

這支具有傳奇色彩的影片，最大特點是由麥可親自演出，讓觀眾看到他在自家的倉庫中輕鬆漫步，並且用開玩笑的方式介紹自家商品的特色。

影片一開始，麥可自我介紹：「嗨！我是麥可，『美元刮鬍刀俱樂部』的創始人。『美元刮鬍刀俱樂部』是什麼？每月只要 1 美元，就可以將高品質的刮鬍刀送到你家。」

只見他站起來，開始繞過桌子朝門口走去。他又說：「沒錯，1 美元。刀片好用嗎？不！我們的刀片他媽的太棒了！」

接著，麥可衝破紙糊的牆，舉著刮鬍刀穿過倉庫，繼續說：「每把刮鬍刀都有不銹鋼刀片、蘆薈潤滑紙巾和一個旋轉頭。它溫和不傷皮膚，連孩子都會用。」

他又沿著倉庫走，繼續說：「你喜歡每個月花 20 美元購買名牌的刮鬍刀嗎？其實當中的 19 美元都付給了名人做代言費。——你認為你需要一把會振動的手柄、會閃燈、附有 10 支刀片的刮鬍刀嗎？不要再為你不需要的刮鬍刀科技花錢了！也不要忘記每個月為你的刀片付錢！我們會把刀片直接寄給你。」

影片中，在他談話的過程穿插了許多無厘頭的畫面，惹人哈哈大笑。他把一個無聊的推銷話題轉變得有趣，讓觀眾

樂於和朋友分享，而且造成了口碑傳播，影片被觀看次數超過 2,500 萬次。

因此，影片推出的兩天內就獲得 1.2 萬名客戶，到次年夏天，每月增加到 33 萬名客戶。到 2015 年，「美元刮鬍刀俱樂部」的網路銷售額成長了 1 倍以上，達到 2.63 億美元。2016 年，「美元刮鬍刀俱樂部」成爲排名第一的網路刮鬍刀公司，占有 51% 的市場，超過了「刮鬍刀之王」吉列（Gillette）的 21.2%。並且以 10 億美元的高價賣給聯合利華（Unilever）公司。

2012 年澳洲墨爾本的大都會鐵路公司（Metro Trains）想要宣傳鐵路的安全，但要如何吸引人們的注意呢？

它推出「愚蠢的各種死法」宣傳活動，獲得了空前的成功。

該宣傳活動以黑色幽默的方式表現，以動畫的廣告影片來展示卡通人物在火車周圍做出的各種危險行爲，例如站得太靠近站台邊緣或火車來時跑過火車軌道，藉以強調這些死法都太愚蠢了。

該影片在網路上迅速傳播，並在 YouTube 上產生了超過 1.8 億的觀看次數。同時該活動還贏得了多個獎項，包括坎城國際創意大獎。

該活動的成功在於把嚴肅的主題巧妙的以引人入勝的方法表現，透過數位媒體傳播給大眾，達到教育和宣導鐵路安全的目的。

Instagram、Facebook、YouTube 已成爲年輕人生活密不可分的一部分；因此，透過社群媒體，善用「數位行銷」，建立品牌和年輕人之間的聯繫，可以征服年輕人的心！

「數位行銷」包括了搜尋引擎優化（SEO）、按點擊付費（PPC）廣告、內容行銷、社群媒體行銷、電子郵件行銷、手機行銷、影片行銷、影響者行銷等。這些技術通常結合使用以形成全面的數位行銷策略，可以幫助企業接觸目標消費者並與之互動。

「數位行銷」的主要優勢之一是能夠即時衡量和追蹤活動的有效性，使行銷人員能夠做出以數據驅動的決策並優化其策略，以獲得最大的投資報酬率。這與傳統的行銷方法形成對比，因爲後者更難以準確的衡量和追蹤。

「數位行銷」的起源可以追溯到 1990 年代，當時推出了第一個可點擊的網路橫幅廣告。然而，直到 2000 年代，隨著搜尋引擎行銷和搜尋引擎優化的興起，「數位行銷」才真正開始起飛。

展望未來，「數位行銷」可能會受到幾個關鍵趨勢和發展的影響，包括：

人工智慧（AI）：

人工智慧技術已被用於數位行銷，可以針對特定對象提

供個人化內容。未來，人工智慧可能會在預測分析、聊天機器人和語音搜尋等領域發揮更大的作用。

語音搜尋：

智慧音箱和語音助手的興起正在改變人們網路搜尋訊息的方式。因此，「數位行銷」人員需要針對語音搜尋優化他們的內容及搜尋引擎優化策略。

擴增實境（AR）和虛擬實境（VR）：

AR 和 VR 技術已被用於「數位行銷」以創造身臨其境的體驗並以新的方式吸引客戶。未來，這些技術可能會變得更加先進和廣泛，為品牌與受眾建立聯繫並提供新的機會。

隱私和安全：

隨著對數據隱私和安全的擔憂不斷增加，「數位行銷」人員需要確保他們的策略符合國際一般資料隱私保護規則等法規，並且確保在數據收集和使用中保持透明。

客戶體驗：

「數位行銷」人員需要專注於在所有接觸點（包括社群媒體、電子郵件、電腦、手機和網路）上提供無縫和個性化的客戶體驗。

總體而言，「數位行銷」的未來將由技術、數據和客戶體驗驅動，「數位行銷」人員需要緊跟最新趨勢和發展，以保持市場競爭力。

06

神祕鋼琴、隱藏相機、琴鍵樓梯、垃圾桶和回收箱

透過「行銷實驗」，獲得現有
和潛在客戶的真實反應！

如何精準的找到音樂愛好者？

為了吸引人們對音樂活動的興趣，2015 年阿爾布斯坦音樂節在黎巴嫩貝魯特的一個公共購物中心架設了一台神祕會說話的鋼琴。

它會邀請路人來彈琴，而且它會根據彈琴者的技藝水平發表評論。有時，鋼琴會提示一個人練習十年後再來，或者稱讚他是天才。那些琴藝優越、讓人驚嘆的人，自然而然的吸引了一大群人圍觀，而且會自動獲得阿爾布斯坦音樂節的門票。

由於這些人是參加音樂節的完美人選，這種「行銷實驗」能夠以精準和引人入勝的方式接觸到目標觀眾。

你是否好奇女人如何看男人？

美國的赫斯特（Hearst）媒體公司為了打響旗下的《君子》（*Esquire*）雜誌，在 2011 年推出了「女生在看什麼？」的「行銷實驗」活動。

在該活動中，他們讓一個英俊的男人戴上四個隱藏在他身體不同部位的攝影機，在紐約市街頭搭訕女孩。利用隱藏的相機拍攝女性在和男性聊天時會看男性身體的哪個部位：臉、胸部、腹部或臀部。

他們把整個實驗經過拍成影片，在網上播出。結果該影片取得了巨大成功，造成了病毒傳播，在 YouTube 上的觀看

次數超過了 100 萬次。

「女生在看什麼？」的實驗，表明這種實驗類型的市場調查在未來的行銷活動中將會成為重要的模式。

企業如何打破顧客對公司商品的迷思？

瑞典福斯汽車為了在競爭越來越激烈的汽車市場中推廣新的「藍色動力」（BlueMotion）電動車，委託 DDB 廣告公司企劃新的行銷活動。

DDB 廣告公司研究發現：「一般人認為電動車雖然環保但馬力不強，開起來不好玩。」

為了打破這個「環保不好玩」的迷思，他們推出了一個創新的「行銷實驗」活動。

實驗的構想是基於「有趣理論」，因為有趣是改變人們行為的最簡單方法。因此他們把活動從環保的角度切入，讓人感覺環保也可以是有趣的，嘗試透過有趣的活動來改變人們的行為。該活動分為以下三個階段：

第一階段：「琴鍵樓梯」

他們將斯德哥爾摩市中心奧登普蘭地鐵站的樓梯改造成踩踏時會聽到音樂的鋼琴鍵，他們想透過這個活動鼓勵人們走樓梯而不是搭自動電扶梯，同時也試驗有多少人會被吸引。

結果在一天結束時，比平時多 66% 的人放棄使用自動電扶梯，反而選擇了「琴鍵樓梯」。

他們也在現場裝了一台攝影機，觀看現場的人如何做決定，他們發現使用樓梯的人數增加了，當人們注意到其他人踩在「琴鍵樓梯」上創造出音樂的樂趣時，他們也加入進來選擇走樓梯。

他們把這階段的實驗活動拍成 3 支影片並上網傳播，結果受到廣大的傳閱，在 YouTube 上被觀看了超過 2,300 萬次，成為成功的病毒行銷。

此外，他們也設立了一個網站，鼓勵人們上傳他們認為最好的有趣實驗影片，參加甄選比賽，比賽獲勝者可以獲得 2.5 萬歐元的獎金。

第二階段：「世界最深的垃圾桶」

他們在公園裡設了一個具有音效的垃圾筒，垃圾筒外印有「世界最深的垃圾桶」的字眼。

當垃圾丟進去的時候，會傳出很長的墜落聲，引起很多人好奇來丟垃圾，結果一天垃圾回收就達到 72 公斤，比鄰近的垃圾筒足足多了 41 公斤。

第三階段：「玻璃瓶回收箱」

由於玻璃瓶的回收沒有像塑膠瓶或鋁罐的回收可以換現，因此玻璃瓶的回收效果不彰，因此他們設計了特製的「玻璃瓶回收箱」，用遊戲的方式來吸引人們回收玻璃瓶。

這個特製的回收箱開口上裝有燈，當燈亮時把玻璃瓶丟入。如果瓶子丟得夠快，就會出現積分，因此吸引人們來

玩，結果一個晚上，就有 100 多人次的使用，而附近的一般
回收箱只有 2 人次的使用。

這個「行銷實驗」活動看起來和汽車無關，但卻達到很大
的宣傳效果，並且實質增加「藍色動力」電動車的市占率。

傳統的廣告效率越來越低，因此企業可以採取更創新的
「行銷實驗」活動來吸引人們對品牌的好感，進而對商品產生
關注。「行銷實驗」的方式也有很多，例如：

亞馬遜的 A/B 測試：

亞馬遜以廣泛使用 A/B 測試來優化網站和提高轉換率而
聞名。例如，他們嘗試了不同的產品頁面設計、定價策略和
訊息傳遞，以確定哪種方法最有效。

HubSpot 的潛在客戶生成實驗：

HubSpot 是一家行銷軟體公司，他們進行了一項實驗，
更改了登入頁面上的表單填寫項目，以減少必填項目的數
量。結果是表單填寫量增加了 55%，潛在客戶轉換率增加了
15%。

Airbnb 的推薦計畫：

Airbnb 的推薦計畫因其在獲取新客戶方面的有效性而廣
受讚譽。該計畫為推薦人和新用戶的下一次預訂提供折扣，
鼓勵現有用戶將他們的朋友和家人推薦給該平台。

Google 的多變量測試：

Google 定期對其搜尋結果頁面進行多變量測試，以確定哪些元素組合（例如廣告的位置、按鈕的顏色和標題的措辭）促成最高的點擊率和用戶參與度，這幫助他們不斷改善用戶體驗並從廣告中獲得更多收入。

透過「行銷實驗」，可以獲得現有和潛在顧客的真實反應！而且個人的真實反應足以完全改變觀眾對商品的看法，有助於建立對品牌的信任。

07

抽菸、夾克、面紙、重機車手、
粉紅胸罩和百事更新

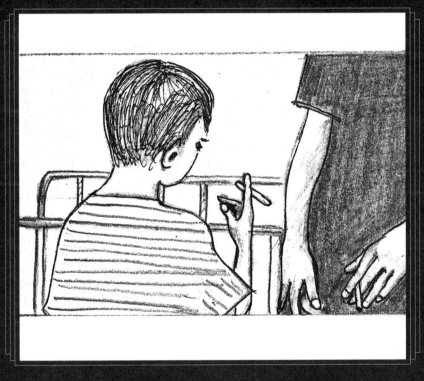

企業推動「社會實驗」，
改變人們的行為！

有越來越多的企業投入社會關懷的行動中。

印度的 YTV 電視台在 2014 年推出了一支「社會實驗」宣傳影片，讓抽菸者質疑他們為什麼要堅持這種壞習慣。

在影片中，一個小男孩走近正在抽菸的成年人，向他們要一支菸。雖然有些人很快就給他，但多數人則反對；而且當男孩開始提問為何不給香菸時，人們的態度就更加矛盾。有一個人在與男孩說話時熄掉了香菸，而其他人則提出了阻止孩子抽菸的論據，因為許多成年人都知道抽菸對自己以及他們周圍的人有害。

這項「社會實驗」反映出抽菸的大人其實了解抽菸的壞處，但卻不願面對。同時也告知人們在孩子面前抽菸，不僅產生有害的二手菸，而且還會鼓勵孩子養成抽菸習慣。

這樣的宣傳得到大眾的支持和廣大回響，對禁菸有很大的幫助。

SOS Mayday 救援組織於 2014 年在挪威推出了一項有趣的「社會實驗」。

實驗的主題是問人們：「你願意把外套交給獨自一人在公車站瑟瑟發抖的小男孩穿嗎？」

他們讓一個男孩穿著單薄的衣服在非常冷的冬天戶外等公車。等車的人好奇問男孩為什麼不穿外套時，他回答說外套被偷了。於是，大多數人都好心的給了他自己的手套、圍

巾或連帽衫，甚至自己的夾克。

整個實驗過程被拍成影片播出，得到大眾的認可。

SOS Mayday 救援組織推出的這項「社會實驗」活動，主要為敘利亞貧困兒童募款，結果在短短 4 天內，他們募集到超過 200 萬挪威幣（約 35 萬美元）。

透過實驗證明人們其實富有愛心，也進一步啟發人們採取捐款行動。

Kleenex 面紙在 2015 年推出了一項「社會實驗」活動。實驗的主題是「分享關懷」。

活動的方法是：他們免費分發給大眾一包特殊的面紙，這包面紙可以撕成兩半，一半給你自己，另一半可以給別人；然後他們聘請一名演員在公共場所假裝打噴嚏，觀察拿到免費面紙的民眾的反應。

結果證明多數人的內心是真正善良，樂於分享和助人，他們會把拿到的面紙分給這位打噴嚏的人。

丹麥的嘉士伯（Carlsberg）啤酒在 2011 年於比利時的一家電影院推出了一項項有趣的「社會實驗」活動。

他們讓電影院裡面擠滿了 148 名粗壯的重機車手，僅剩二個座位。

他們試驗買好票的夫妻或情侶在不知情的狀況下，進入

電影院，是否願意勇敢的在擁擠的壯漢中尋找這僅剩的二個座位。

大多數人看到那麼多的重機車手都退卻了，但也有夫婦或情侶不避諱。

那些成功坐進僅剩的二個座位的人，得到了重機車手們的掌聲和兩瓶嘉士伯啤酒。

嘉士伯把它拍成影片播出，強調不要以貌取人，抱持勇敢和開放心態者應該得到獎勵。結果，該影片得到很大的好評。

每年 10 月被訂為乳癌宣傳月，因此雀巢健身部門在 2015 年推出一項「社會實驗」。

實驗的目的是希望人們「關注乳癌」。

他們讓一名女性穿著一件暴露的粉紅色胸罩，胸罩內隱藏一個小相機，行走在倫敦街頭。自然的，有很多男女的目光都在關注她的胸部。結果一天中捕捉到了 36 個人直接盯著粉紅色胸罩的隱藏攝影鏡頭。

雀巢健身把它拍成影片播出，最後以旁白指出：「妳的乳房每天都會被人檢視，但妳最後一次為自己檢查乳房以採取行動對抗乳癌是什麼時候？」藉此提醒女性經常進行自我胸部檢查。

影片播出後，得到人們的注意，成功提醒女性提高健康意識。

百事公司（PepsiCo）於 2010 年推出了一項名爲「百事更新」的「社會實驗」。

　百事公司每年都會在美國超級盃橄欖球決賽的電視轉播上做廣告，但是這一次卻決定要捐贈該筆 2,000 萬美元的廣告費用於資助由公衆投票選出的社區發展項目。這 2,000 萬美元將以 5,000 到 25 萬美元不等的贈款形式分配給提交最佳創意的人。

　活動的辦法爲：「任何人都可以到 RefreshEverything.com 的網站提交促進社區發展的想法，或爲他們關心的提案投票。」百事公司鼓勵消費者在 Facebook 或 Twitter 上進行討論。

　該活動推出後，每天都有 2 萬人在網站上發文，而且當消費者的提案被採納並獲得贈款時，他們會把訊息發布在自己的社群媒體上，讓更多人了解。

　這項實驗使百事公司能夠深入了解他們的消費者，同時百事也可通過該實驗收集對消費者最重要的訊息，了解消費者看重什麼。

　「百事更新」的實驗讓人們參與決策過程，並鼓勵他們更積極的參與社區活動。此外，它確實幫助了百事公司發展其品牌，同時獲得了周圍世界的關注。

企業推動「社會實驗」，能夠喚起人們的良知和愛心，改變人們的行為！

「社會實驗」可以採取多種形式，包括調查、訪談、觀察等。一些「社會實驗」採取假設的場景，而另一些則依據現實生活中的情況；「社會實驗」可用於檢驗理論、產生新想法或為政策決策提供證據。它們還可用於更好的理解複雜的社會問題，例如貧困、歧視或犯罪。

企業可以使用「社會實驗」作為與顧客互動和推廣品牌的一種方式。通過創造一個有趣或有挑戰性的場景，企業可以吸引人們對其品牌的關注，並在社群媒體上引起轟動。

08

馬拉松攝影、汽車創新和玩具設計

透過「大眾協作」，企業可以
凝聚大眾的智慧和力量！

2018 年 4 月愛迪達利用新科技，在波士頓馬拉松賽比賽結束後的幾個小時內，拍攝剪輯完成和分享所有 3 萬名選手的個人化影片。

愛迪達爲了慶祝愛迪達和波士頓體育協會合作 30 週年，同時也爲了宣傳 2018 波士頓馬拉松紀念版跑鞋「Adizero Boston 7」的推出，構想了這個非常有創意的活動。在活動推出前，愛迪達於 3 月 30 日就在 YouTube 頻道上發布了一部品牌廣告影片，並在隨後幾天發布了一份新聞稿，詳細介紹了這項活動內容。

活動重點在於突顯馬拉松比賽中的每個參賽者，展示他們每個人的經驗，讓他們的參與成爲傳奇。

愛迪達爲此次活動委託 Grow 數位廣告公司開發出一種技術，該技術使用內置於跑步者比賽服裝的 RFID 射頻識別晶片，能夠將數據傳輸到高級攝影機內，以便在整個比賽中捕捉到每個跑步者在不同時點的鏡頭。同時也開發了一種特定的演算法，可以在比賽結束後的幾個小時內編輯和分享影片，此外還設立了一個小型專屬網站以配合該活動的推出。

4 月 16 日，比賽當天，愛迪達和 Grow 數位廣告公司組織了一支由 18 名攝影師、編輯和工作人員組成的團隊，他們在比賽期間拍攝了每位選手的鏡頭，以及他們穿越終點線的鏡頭。

在 24 小時內，愛迪達通過電子郵件將個人化影片和專屬網站的連結，發送給所有波士頓馬拉松選手。在網站上，波士頓馬拉松運動員可以通過他們的號碼來瀏覽他們的個人化影片。

根據《廣告週刊》的報導說：「在比賽結束的第二天上午，已有近 2.7 萬名參賽者瀏覽了他們的鏡頭。那些看過他們個人影片的人的反應說明了這一切——它抓住了當天的精髓、重溫當下，為每個跑步者創造了獨特的回憶。」

結果，整個活動被證明具有創新性且非常成功，在比賽後的兩天內共獲得了 10 萬次影片觀看，網頁瀏覽超過 8 萬次，同時有超過 1.3 萬名訪客繼續瀏覽愛迪達官網。此外，愛迪達的電子郵件閱讀率比平時高出 113%，每封電子郵件獲得的實際產品銷售額比年初增加了 1,189%。

透過科技的創新，企業可以集合眾人的合作共同創造新體驗。

2010 年 BMW 汽車舉辦了第一個開放式的創新競賽，競賽的主題是「明天的城市交通移動通訊服務」。

該競賽為車迷和客戶提供了與 BMW 分享他們的商品創意和意見的機會。比賽結果，有 497 名用戶發表了 300 多個不同的想法，並經由全球 1,000 多名評委進行了評估。

評估結果，比賽的第一名是印度的維努戈帕爾，他提出了「請來接我」的概念，這是一種透過安裝在手機和車載電腦中的行程卡，可以讓司機和行人相互聯繫的系統；第二名是西班牙的佩德羅，他發明了「停車共享計畫」；第三名是美國的史丹方尼，他的概念是通過 GPS 訊號接收可用停車位。

由於活動的成功，在這項比賽之後，BMW 繼續舉辦更

多的創新比賽，例如「豪華級汽車的內裝構想」，透過粉絲的創意進行汽車內裝的改造。

BMW 舉辦的創新競賽案例，說明企業也可以集合眾人的智慧，獲得新創意。

樂高玩具在 2000 年面臨了財務危機，原因是商品線過度延伸和擴張，造成許多玩具滯銷、品牌力下降，因此公司開始內部改革。

到 2004 年，新的領導階層上台以後，推出了「樂高創意」的網路平台，讓任何人都可以創建和上傳新的樂高玩具的設計構想。

這些設計構想，由粉絲們投票選出最受歡迎的項目，只要在 12 個月內獲得 1 萬個粉絲的贊同，就會由樂高的生產和法務團隊進行可行性審查。而樂高每年會根據選中的新玩具設計構想開發出幾款新商品，並將其推向市場。提供創意的創作者可以授權樂高公司進行新玩具的生產，且獲得商品銷售額一定比例的分紅。

自從「樂高創意」網路平台設立以來，不到 10 年的時間裡，已經擁有 180 萬成員，提交了超過 3.6 萬個新玩具的設計構想，推出了 36 套新的樂高玩具。結果，樂高將新玩具從開發到上市的時間，從 2 年縮短至 6 個月，而且 90% 的商品在首次發布時就賣光。

「樂高創意」網路平台匯集了來自世界各地的熱情粉絲和

創作者的新奇創意，沒有其他公司比樂高更能說明客戶共同創造的力量。

「大衆協作」的起源可以追溯到互聯網的早期，網路社群媒體的出現，以及衆包平台的發展和開放式軟體的興起，例如 Linux 操作系統和維基百科等，使得「大衆協作」在 2000 年代中期開始流行。

如今，隨著區塊鏈、人工智慧和虛擬實境等新技術的使用，「大衆協作」不斷發展和擴展，爲人們合作創造價值提供了新的機會。「大衆協作」可以包括以下方式：

共同創造：

企業可以邀請客戶使用網路平台或衆包計畫參與新商品或服務的共同創造。例如，本文介紹的「樂高創意」網路平台。

用戶生成的內容：

企業可以鼓勵他們的顧客使用主題標籤或社群媒體，來創建和分享他們與品牌或商品相關的內容，包括照片、影片或評論。例如，可口可樂發起的「分享一瓶可口可樂」活動。

衆籌（集資）：

企業可以使用群衆募資平台，通過向支持者提供激勵或獎勵來籌集資金並爲新產品或項目造勢。例如，Pebble 智慧手錶在其熱心支持者的幫助下，在發布前就在 Kickstarter 上籌集了超過 1,000 萬美元。

組成社群：

公司可以創建網路社群或論壇，顧客可以在其中分享經驗、提出問題並相互聯繫，從而營造忠誠度和參與感。例如，絲芙蘭（Sephora）化妝品連鎖店創建了 Beauty Insider 社群，會員可以在其中獲得獎勵並參與獨家活動和內容。

品牌大使計畫：

企業可以向大眾招募品牌大使或有影響力的人，他們可以使用社群媒體或其他網路平台，向他們的追隨者或觀眾推廣產品或服務。例如，Airbnb 推出了大使計畫，會員可以向該平台推薦新的房東或客人來賺取獎勵。

遊戲化：

企業可以使用遊戲化技術，通過創建互動遊戲及提供獎勵或激勵的挑戰，來吸引顧客參與行銷活動。例如，Nike 推出的 FuelBand 商品，該商品追蹤用戶的身體活動，並通過積分和徽章獎勵他們實現健身目標。

眾包廣告：

企業可以通過徵求顧客的想法或內容，及舉辦競賽或挑戰，讓他們的客戶參與廣告活動的創建。例如，多力多滋（Doritos）洋芋片推出了「打入超級盃」活動，粉絲們可以提交自己的多力多滋主題廣告，獲勝者將在超級盃電視轉播中亮相。

透過「大眾協作」，企業可以凝聚大眾的智慧和力量！並且可以獲得新創意，贏得消費者的信任和強化品牌的忠誠度！

創意的宇宙：
想像和創造

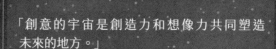

「創意的宇宙是創造力和想像力共同塑造
未來的地方。」

—— Sheryl Sandberg，Meta 首席營運長。

行銷需要無窮的創意，創意可以是無中生有、無邊無際。

但是，大多數的人缺乏原創性的思考，他們失去了創意，因為他們的想像力被封鎖了。傳統、教條、各種框架還有理性的束縛，讓創造力蕩然無存。

讓我們回到過去，回到年幼純真時期，甚至沒有手機的日子——你要寫一個故事、畫一張圖、跳一支舞，你的心中充滿快樂和靈感，你的創意滾滾而來。

因此拋開一切的邏輯，激發你最瘋狂的想像力。上窮碧落下黃泉，天地之大任你翱翔。

行銷的成功往往來自於一個傑出的創意，亦即你是否擁有一個 Big idea？一個聽起來令人心動的創意。

創意必須像一支釘子，非常銳利，一針見血，一擊中的。配合完整的行銷作業，如鐵鎚般把釘子釘入目標消費者的腦海中；創意可以詼諧幽默、無厘頭，可以顛覆傳統、不按牌理出牌，可以截彎取直、逆向操作，可以故布疑陣、出奇致勝。

在創意的宇宙中，創意沒有極限、沒有法則，創意可以天馬行空、百無禁忌。

DNA 折扣、啤酒飲料和彩色保險套

從無中生有，創造市場新機會！

當機票賣不出去時，有考慮用 DNA 來促銷嗎？

由於大量移民從墨西哥進入美國，因此美國人普遍對墨西哥存有偏見，即使喜歡墨西哥食物，他們還是拒絕去墨西哥旅遊。墨西哥航空公司為了突破這種困境、提升人們到墨西哥旅遊的意願，他們大膽的推出了一個名為「DNA 折扣」的絕佳創意行銷活動。

從歷史上來說，美國南部的某些州以前是墨西哥的一部分，因此這些州的人，無論其政治信仰為何，都有可能擁有墨西哥人的血統。

因此墨西哥航空公司對德州的當地人進行了 DNA 測試，結果如其所料，當地人多多少少都具有墨西哥人的血統。因而他們根據 DNA 測試結果提出「DNA 折扣」活動。

活動方式為：「你擁有的墨西哥血統越高，你得到的飛航折扣就越高。例如你擁有 20% 的墨西哥血統，你就得到 20% 的飛航折扣。」

以住在德州沃頓市的比爾為例，一開始接受訪問時，他說他喜歡墨西哥捲餅和龍舌蘭酒，但不會去墨西哥旅遊；不過，當他得知 DNA 測試結果，他的墨西哥血統比例為 18%，因此他享有 18% 的飛航折扣時，他開始改變態度，願意去墨西哥旅遊。

繼德州之後，DNA 測試繼續遍及科羅拉多州、猶他州和內華達州。總體而言，接受測試的人中高達 54.4% 的人具有墨西哥血統。

行 銷 的 多 重 宇 宙

以全新的角度去尋找新的創意，這項行銷活動成功的改變多數美國人排斥墨西哥旅遊的意願。

當啤酒賣不出去時，有考慮把啤酒當飲料賣嗎？

墨西哥是全球第一大啤酒出口國和第四大啤酒生產國，同時也代表 65 萬個工作崗位，但是在 2020 年 4 月由於新冠疫情的大流行，墨西哥的啤酒行業受到嚴重的打擊，啤酒因為不是日用必需品，因此紛紛在賣場被下架。

具有 155 年歷史的墨西哥「維多利亞」（Cerveza Victoria）啤酒為了挽救本身的業務並幫助墨西哥提升啤酒的銷量，因此推出了酒精含量只有 1.8% 的「維多利亞 1.8」啤酒飲料。罐身採取全黑色，容量分為 355cc、473cc 和 1,200cc。

根據墨西哥法律，酒精含量 2% 才被界定為酒，因此酒精含量 1.8% 則被界定為飲料。

這個新創意創造了新類別飲料，在短短 2 週內打進了所有超市、便利商店和大賣場，風靡了消費者，使得銷售激增 116%，同時也帶領競爭者如可樂娜（Corona）推出相同的商品，擴大了墨西哥啤酒的整體銷量，挽救了墨西哥啤酒業。

「維多利亞 1.8」啤酒飲料創造了新類別，殺出了一條生路。

當青少年不重視性安全時，有考慮送彩色保險套嗎？

「多樣化和彈性組織」是美國威斯康辛州密爾瓦基市的非營利機構，2017 年夏天有鑒於密爾瓦基市青少年的嬰兒出生率是全美平均標準的 3 倍多，而且性病感染正在令人不安的捲土重來，因此他們希望能找到有效的方法來解決這個問題。

調查發現當地的青少年雖然有收到安全的性教育訊息，但卻無動於衷。因此他們想出新的方法，推出彩色包裝的保險套，同時把保險套改稱爲「淘氣袋」。

他們推出了 10 種不同名字的保險套，包括「火腿皮套」、「爸爸塞子」和「蛇毛衣」等，不同名字代表不同的個性。由於這些名稱都是青少年使用的俚語，因此和青少年可以產生共鳴；同時，在包裝設計上，針對不同名字的保險套設計不同圖案的包裝，並透過五顏六色的藝術作品風格來吸引青少年的喜愛。

接著，他們推出獨特的「淘氣袋」直立陳列櫃，放置在青少年常去的地方，如餐廳、理髮店和健身房等。此外，也推出了偽裝的報紙販賣機，讓青少年自由拿取保險套，並且還透過年輕健康的推廣員到社區做一對一的分發，所有保險套都是免費的。

他們在自設的「淘氣袋」網站、Facebook 和 Instagram 提供了非常簡單實用的訊息，讓青少年知道「淘氣袋」陳列櫃和偽裝報紙販賣機所在的位置，還爲 5 個保險套品牌設計了獨特的動畫在社群媒體播放。

結果在短短 3 個月內，從 2017 年 8 月推出到 11 月 9日，「淘氣袋」在社群媒體上總共達到 39.8 萬多次的點閱。同時在 8 月至 10 月期間，發送了超過 2.8 萬個保險套，幾乎是全年生產的 6 萬個保險套的一半。最重要的是，這個活動成功的達到安全性教育的推廣。

　　當行銷遇到問題時，你必須天馬行空的發想，從無中生有，才能創造市場新機會！

　　無中生有，就是從紅海中尋找出藍海，進入無人地帶，或是改變市場的遊戲規則，另闢蹊徑，為品牌和企業開創新的生機！

02

爸爸和妮可

舊瓶需要裝新酒，行銷要不斷創新！

 行銷的多重宇宙

1991 年雷諾汽車為了在英國推廣它的 Clio 汽車，推出了一部非常成功的廣告影片，主題是「爸爸和妮可」（Papa and Nicole）。

　　影片以虛構的少女妮可和她的爸爸為中心，父女之間的一個小祕密為故事的主軸。影片開始，一對富裕的父女在法國普羅旺斯莊園前的躺椅上休息，父親在打瞌睡，妮可試圖從她打瞌睡的爸爸身邊偷偷溜走，開著 Clio 汽車去見她的男友。

　　她在法國歷史小鎮狹窄的街道上行駛，展示了駕駛 Clio 汽車是多麼容易。而她的父親則駕駛另一輛 Clio 汽車暗中跟著她，以確保她沒事。最後妮可匆匆的回來坐回椅子上，而她的父親在結束祕密跟蹤後，比她早一步回到莊園躺回躺椅上。

　　因此，在妮可回來時他偷瞄了她一眼，假裝剛睡醒，叫了一聲「妮可」，妮可也回了一聲：「爸爸」，然後影片結束。

　　這支廣告影片播出後，大受好評，因為充滿了溫馨的親情和對普羅旺斯優美風景的憧憬。

　　雷諾汽車於是乘勝追擊，推出了另一支廣告影片。

　　影片開始，妮可的男友騎摩托車來看妮可，妮可的父親由於愛屋及烏，把 Clio 汽車的鑰匙交給妮可的男友，讓他開車帶妮可去兜風。

　　從 1991 到 1998 年，藉著「爸爸和妮可」的宣傳，雷諾汽車賣出了 30 萬輛 Clio 汽車，銷售非常成功。

最後，在 1998 年雷諾汽車推出了「妮可的婚禮」廣告影片來結束這個宣傳活動，也引起了人們的關注。

這支廣告影片以電影《畢業生》（*The Graduate*）的結局為藍本，顛覆了一般人的想像。

影片開始，妮可正在參加婚禮，當牧師在宣讀誓詞時，前男友突然出現，妮可當場拋棄新郎，和前男友開著 Clio 汽車揚長而去，留下一臉錯愕的新郎。該片播出後，獲得 2,300 萬的點閱率。

在英國，只要對 35 歲以上的人提及「爸爸和妮可」這句話，就會讓人聯想到雷諾汽車的品牌和 90 年代普羅旺斯的溫暖感覺，這是英國許多人在 30 年後仍然擁有的聯想。

更有趣的是，從 1991 到 1996 年，英國最受歡迎的新生女嬰名字，妮可從前 100 名之外上升到第 36 名，在 1996 年到 2000 年之間就有超過 7 千名妮可出生。

因此 2022 年法國雷諾汽車為了推廣新的 Megane 電動車的時候，自然想到是否可以複製「爸爸和妮可」的風潮？

但是，30 年過去了，英國和雷諾都發生了難以形容的變化。從數位時代的來臨和社群媒體革命，到雷諾推出電動車，這些新生代妮可長大的世界與 90 年代的普羅旺斯田園氛圍截然不同。

於是在 2022 年，雷諾汽車改以真實的面貌重塑「爸爸和

妮可」的故事，探索現代父親和女兒所面臨的問題，重新推出了具有當代風格的「爸爸和妮可」宣傳活動。

新的廣告選擇三個現實生活中真正名為妮可的女性為主角，她們是歌手、時尚設計師和身障攝影師。影片從她們的成長過程，描述現代父女的感情和現代女性的獨立精神。

新的宣傳活動在 7 月底前於社群媒體上播放，並配合平面廣告在汽車展示間和戶外廣告同步登出。廣告還未推出，就引起媒體的競相報導和消費者的注意，可說未演先轟動。

雷諾汽車推出的這項新的宣傳活動，實是一箭雙鵰！

它試圖與兩個處於完全不同人生階段的觀眾對話：經歷並深情記住 90 年代「爸爸和妮可」廣告的 40 ～ 60 歲人群，以及 20 ～ 39 歲的現代妮可人群。

最重要的是，它同時將懷舊的廣告注入新的現代篇章，也代表通過這種創新精神，以全新的 Megane 電動車取代經典的 Clio 汽車，成為未來的標竿。

行銷必須與時俱進！因為隨著時間的變化，市場也隨之改變。永遠有舊的顧客退出市場，同時也有新的顧客進入市場。

舊瓶需要裝新酒，行銷要不斷創新！

不同世代有不同的情結，在人性不變的狀況下，必須以新的創意賦予品牌新生命！

03

球王和滑雪員

沒有噱頭也是噱頭，行銷於無形中！

2021 年，在新冠疫情重創觀光旅遊業後，爲了重振瑞士的觀光市場，瑞士旅遊局做出了驚人之舉！

他們重金聘請了贏得 20 個大滿貫冠軍的網球天王羅傑‧費德勒（Roger Federer）做代言人，拍攝了一支有趣的廣告影片，影片一播出馬上造成轟動。廣告的主題是「沒有戲劇性」，影片內容如下：

影片一開始，費德勒站在風光明媚的瑞士度假旅館的陽台上，他代表瑞士旅遊局打電話給兩屆奧斯卡金像獎得主勞勃狄尼諾（Robert De Niro），邀請他一起爲瑞士旅遊局的宣傳拍攝廣告，卻意外的遭到拒絕。

原因是勞勃狄尼諾感覺這支廣告片的內容缺乏戲劇性，對他來說戲中沒有衝突的危險性動作就沒有吸引力，因爲瑞士的風景太完美了，光是風景就很有看頭，而他在片子裡完全無用武之地。

這支廣告影片以好人費德勒、壞人勞勃狄尼諾的方式表現，巧妙的帶出瑞士的迷人風景。雖然主題說「沒有戲劇性」，但將紳士運動員費德勒與電影教父勞勃狄尼諾合作以幽默的對白演出，本身就充滿了戲劇性。

因此，此一宣傳活動很快就成爲頂級旅遊廣告的經典之作，它巧妙的傳達出：隨著全球旅行的恢復，瑞士提供了在經歷新冠疫情之後，最佳恢復心靈的觀光之地。

這樣的宣傳方法，觀衆完全沒有被行銷的感覺，反而樂於爲它宣傳。

由於「沒有戲劇性」的宣傳活動大受好評，瑞士旅遊局在2022年又推出了「沒人能超越瑞士大旅遊的風頭」廣告。

這次的廣告仍然以網球天王費德勒做代言人，不同的是這次邀請的搭檔是奧斯卡最佳女主角安海瑟薇（Anne Hathaway），他們聯手拍了一支新的廣告影片。新的廣告影片同樣延續幽默的風格，內容是：

一開始費德勒和安海瑟薇在放映室裡看廣告試片，問題是整支片只看到瑞士的壯麗風景，而兩個代言人看起來像遠在下面的小斑點，這讓他們感到非常不滿，安海瑟薇對費德勒說：「我們看起來像螞蟻。」

但是導演卻不以為意，甚至認為這是傑作，影片拍得很好！費德勒轉頭問他的經理湯尼的看法，結果連湯尼都說瑞士風景確實很美。

這時還有人說：「是不是要加上瑞士大旅遊比費德勒的腹肌更有看頭的台詞？」讓兩人氣得離開。在走出放映室的路上，安海瑟薇還一直為費德勒打抱不平。

2021年推出的「沒有戲劇性」廣告被譽為近年來最好的旅遊廣告，可以說當之無愧，因為在所有平台上它已經吸引了超過1億次的觀看。但「沒人能超越瑞士大旅遊的風頭」廣告推出後似乎不遑多讓，在不到兩週的時間裡，YouTube上的瀏覽量已接近4千萬次。

行銷的多重宇宙

好的創意永遠會贏得消費者的讚賞，好的廣告影片觀眾還會爭相傳閱！

✕○✕○✕

網路上瘋傳一支廣告影片，內容如下：

一個滑雪者以神乎其技的動作滑過世界許多知名的景點，包括美國的科羅拉多州波浪谷、土耳其的卡帕多奇亞岩石山區、外蒙古、萬里長城、熱帶雨林、撒哈拉沙漠等，最後才出現奧迪汽車的四環商標，原來是奧迪汽車在 2018 年推出的廣告。

廣告中的男主角是法國滑雪的傳奇人物肯地迪・托維斯（Candide Thovex），他被認為是歷史上最好的自由滑雪運動員之一。

在影片中，他滑行在許多看似非常險峻的地形上，包括岩壁、長城石階、草地、落葉、沙漠等。整個片子拍得氣勢磅礴，非常精彩，讓人大開眼界，同時也樂於和朋友分享。

整個片子中沒有任何奧迪汽車的出現，它只是一個品牌印象廣告，它在傳達一個品牌精神：「性能優越、技藝高超，勇於冒險，不畏任何艱難地形，天涯海角任我行！」

這部片子和觀眾分享了它的激情，被感染的觀眾把它傳給另個觀眾，因此它成功的做到了病毒行銷。

瑞士旅遊局雖然是採取名人代言的方式，但卻以幽默有趣的方式來介紹它的優美風光。因此，沒有噱頭也是噱頭，

高明的行銷就是不讓人感覺你在行銷！

　　同樣的，奧迪汽車的廣告不在介紹汽車的性能，而在塑造品牌的形象。最好的行銷就是分享你的品牌精神和熱情，行銷於無形中！

04

快閃店、算命攤和郵輪

讓創意急轉彎，不按牌理出牌！

秘魯沒有美食？因爲秘魯沒有「米其林餐廳」！

儘管秘魯被公認爲世界上最好的旅遊目的地之一，秘魯美食獲得了多項全球獎項，例如在過去 10 年中 9 次被選爲世界上最好的美食之都，而且擁有全球最好的女廚師和兩家全球前 10 名的餐廳；但是由於《米其林美食指南》不在秘魯發行，因此該國沒有米其林星級餐廳。

秘魯人不服氣，那就變一個「米其林餐廳」出來！

秘魯雖然沒有「米其林餐廳」，但有很多「米其林輪胎店」。因此，秘魯的啤酒旗艦品牌庫斯科（Cusqueña）在 2022年就想了一個怪招，推出了一家快閃店。

庫斯科啤酒改裝了一家米其林輪胎店成爲餐廳，並和第一位在西班牙獲得米其林兩顆星的秘魯廚師戈迪雷斯合作，開了秘魯第一家名爲「米其林輪胎和美食」（Michelin Tire & Dine）的快閃店。

結果，「米其林輪胎和美食」快閃店一推出馬上轟動，立刻被訂滿，而且饕客的好評在社群媒體上瘋傳，並引起大衆媒體的報導，順帶把庫斯科啤酒的名號也打得更響亮，宣傳效益達到廣告預算的 10 倍。

同時庫斯科啤酒也加強在電視上推廣秘魯美食和啤酒的搭配，使得庫斯科啤酒的銷售增加 56%，創造百年來最好的銷售佳績。

創意無限！行銷要敢想敢變！

2022 年，法國的皮耶法柏（Pierre Fabre）醫療美容集團想要擴張義大利市場，但是他們的預算有限，如何才會引起義大利人注意？

　　他們想到：義大利是觀光聖地，夏天豔陽高照，但過度的曬太陽容易罹患皮膚癌，因爲「黑色素瘤」是最致命的皮膚癌形式。不過如果能即早接受檢測，也是最容易被發現的癌症。因此，如果能以皮膚癌這個議題來提醒人們，應該會引起注意和關注。問題是用什麼方法宣傳才能省錢又有效？

　　如果只是當街發傳單，提醒人們要注意不要得到皮膚癌，恐怕沒人會理會；轉念一想，如果是讓人免費算命呢？很多人應該會感興趣！

　　於是，他們在義大利米蘭的納維利運河旅遊景點擺了一個算命攤，邀請遊客來免費算命。遊客以爲他們接受的是手相算命，但算命師看過客人的手掌後，會把客人帶進一個隱蔽的帳篷內。在帳篷內有整套的皮膚檢測儀器，還有專業皮膚科醫生，客人便可以接受專業皮膚科醫生的全身皮膚診斷。

　　雖然客人發現上當了，感到驚訝，但在接受皮膚檢測後都表達由衷的感謝，並對皮耶法柏的專業醫療美容印象深刻。

　　皮耶法柏將擺攤算命的過程和客人的反應影片上傳，在網路上得到多次的點閱和分享，成功的以小預算達到廣大的宣傳效果。

因此，打破傳統的思維，行銷不一定要花大錢！在數位時代，你有無限的可能！

誰說旅遊一定要帶上小孩？

一般郵輪招攬客人都是標榜全家共遊、歡樂無窮，但是，英國的「維珍遊輪」（Virgin Voyages）卻突發奇想，在2022年推出了一個有趣的宣傳活動，提醒人們應該享受一個沒有孩子的假期。

在這個宣傳活動中，主要強調「維珍遊輪」只適合18歲或以上的遊客，不允許帶小孩。因此，它也以反諷方式推出「海上沒有小孩」的廣告影片，讓人覺得幽默有趣。

影片採用80年代的音樂劇風格拍攝，將憤怒的孩子唱著他們被拒絕上船和在豪華遊輪上享受度假的父母鏡頭對比。

在影片中，孩子們以激動的歌聲責怪「維珍遊輪」把他們的父母帶走，在郵輪上享樂，在星光的夜裡啜飲雞尾酒、享受美食。雖然孩子們歌唱道，他們可以理解他們的父母值得休假，但是抗議不讓他們上船是沒有道理的。

這個宣傳活動主要提醒人們：父母為他們的孩子做了很多事情，有時為自己慶祝的最佳方式——就是一個沒有孩子、好好放鬆的享受假期！

這個廣告一推出，反而得到許多成人遊客的認同和支持。

行銷也可來個反向思考，出奇招！記得「條條大路都可以

通羅馬」！

　有時，讓創意急轉彎，不按牌理出牌，反而會得到意想不到的效果！

　庫斯科推出「米其林快閃店」，自創一格；皮耶法柏推出「算命攤」，別出心裁；維珍郵輪推出「沒有小孩的郵輪」，打破傳統。

05

女孩、小丑、醫生和罪犯

創造戲劇性時刻，讓人留下深刻印象！

好的廣告影片該如何表現？

一個小女孩由父親牽著手走在紐約曼哈頓繁忙混亂的街上，她面對著行人、喇叭聲和警笛聲，顯得滿臉不安；尤其她看到一個瘋子當街尖叫著世界末日將到，最後警察逮捕了他。

城市的景觀疊印在女孩的臉上，顯露出她的茫然。

幸而，她的母親及時開著福斯（VW）汽車來接她，把她從城市的噩夢中解救出來。坐在車子的後座上，她感到安心放鬆，最後廣告詞出現：「如果世事都能像福斯一樣可靠！」

這是福斯汽車推出的「天佑兒童」廣告。整支影片，前面以各種外在環境的混亂來表現孩子的驚恐，並在最後一刻，巧妙的表現置身車內的安全和安心感。

這支影片善用對比和反差，表現情緒的轉折。

兩個小丑上了一部貨車，可是剛上車卻意外發現車門掉落在地上，他們不管，照樣發動車子，開始倒車出去。

這時，開車的小丑邊開車邊和臨座的小丑打鬧，結果倒車時差點撞到後面經過的車子；接著，瘋狂的小丑駕駛又邊開車邊塗口紅，並且突然緊急剎車，幸好，緊隨在後的奧迪（Audi）汽車很敏捷的閃過。更瘋狂的是，小丑的貨車車廂後門沒關緊，突然打開，道具一件件掉落滿地。

雖然一路上險象環生，但是從影片裡可以看到，尾隨在小丑車後的奧迪汽車駕駛者，從早到晚非常安穩的開著，一

路平安。最後廣告詞出現：「奧迪科技，小丑可證！」

這是奧迪汽車推出的「小丑」廣告。這支廣告影片描繪了馬戲團的小丑們瘋狂的駕駛行為，對馬路的行人和開車者造成嚴重的威脅；同時藉此表現奧迪汽車透過自動調整巡航控制系統，讓開車有驚無險。

這支影片透過誇張的人物和動作，讓人留下鮮明的記憶。

在 19 世紀的一個法國鄉村，一名醫生正在救助倒在廣場上得到霍亂的女人。救助完那位婦人後，他進入當地的一家酒館，卻被一名年長的居民用霰彈槍威脅他，宣稱他被感染了，並要求他離開。

這時，鎮上的牧師進入酒館，他告誡所有人不要阻擋醫生，並叫酒保給醫生一杯「時代」（Stella Artois）啤酒。牧師還與醫生握手並擁抱他，宣布他沒有受到感染。當醫生喝了一口啤酒後，牧師把啤酒杯拿過去也喝了一口，再將杯子遞給持槍男子喝，於是所有人開始爭先恐後的傳著喝。

最後，醫生突然咳嗽了起來，畫面在眾人驚恐僵住的模樣中結束。

這是時代啤酒推出的「好醫生」廣告，廣告的前半段表現人們對霍亂病的恐懼，後半段表現當緊張放鬆後人們歡樂的氣氛，但是最後一聲咳嗽帶回恐怖的感覺。

這支影片以幽默有趣的方式，經過兩種情境的轉變，最

後創造了出乎意料的結尾。

在暗夜裡一個黑人老頭拿著鑰匙，試圖打開一輛豪華轎車的車門，彷彿準備要偷竊。

旁邊有車光閃爍，將他拉回以前的情景：

他置身在監獄裡，隨後獲得釋放，離開監獄。出獄後，他回到老家，去見已故父親的朋友，那人交給他一把他父親房子的鑰匙和一盒工具箱，裡面是開鎖的工具。他卻把工具箱放在一邊。

起初，他想回去看兒子，但是被前妻拒絕，在怒罵中他被趕出門；回到父親的房子，面對工具箱，他決定利用自己開鎖的天賦，以鎖匠為生，可惜事情並不順利。他想替人工作卻都被拒絕，最後只好自己開業，但大多數人還是用有色眼光看他，因為他曾是罪犯。

鏡頭拉回當下，他用鑰匙把車門打開，結果出現一個令人驚訝的轉折，他從車內抱了一個啼哭的嬰兒出來，焦急的母親飛奔過來，把嬰兒抱過去。

原來他不是在偷車，而是救了一個被困在車內的嬰兒。

影片最後字幕出現：「這是一個真實故事，黑人老頭叫魯道夫‧馬圖拉納，他曾是一名在巴西因汽車盜竊而服刑的被拘留者。」

這是「回應」（Responsa）就業輔導機構推出的「第二次

機會」廣告影片，闡述了那些離開監獄並試圖找到工作的人面臨的掙扎和困境，鼓勵受刑人出獄後以自己的一技之長工作，重新做人。

這支影片以懸疑的方式開始，最後以感人的結局落幕。

四支不同的廣告影片以不同的方式表現，但是共通的一點是：在最後，創造戲劇性時刻，讓人留下深刻印象！

無論是戲劇、小說、電影或廣告，真正扣人心弦的都是在痛苦中帶來歡樂，在危機中出現轉機，在絕望中重現希望！

06

長香菸和牛仔褲

善用幽默,讓顧客產生好奇心和
嘗試的慾望!

1967 年，菲利普莫里斯公司推出「百事好吉 100」（Benson and Hedges 100）長香菸，它的香菸長 10 公分，比一般 8.5 公分的特大號（king size）香菸長 1.5 公分，他們委託 WRG 廣告公司來推廣。

WRG 廣告公司在內部開了一個動腦會議，題目是「如果香菸比一般長很多會怎麼樣？」

有人說：「香菸比一般長 1.5 公分可以讓你多抽三口、四口，甚至五口。」

因此，也有人說：「如果是死刑犯，臨刑前要根長香菸抽，可以活久一點！」

於是眾人七嘴八舌，產生了很多想法。最後終於決定了：「何不用反諷的方式，來表現長香菸的缺點帶來的生活不方便？」

因此，香菸廣告史上最幽默的創意出現了！一系列以「不方便、趣事多」為主題的廣告訴求如下：

- 一個抽菸的男人擠進擁擠人群的電梯裡，因為香菸太長，菸頭被關上的電梯門夾住了！
- 邊開車邊抽菸的司機看到一位美女從車旁走過，快速轉頭去看，因為香菸太長，菸頭被關著的車窗碰彎了！
- 鞋匠邊抽菸邊擦鞋，因為香菸太長，把客人的褲管燒了一個洞！
- 電話鈴響，拿起話筒，因為香菸太長，菸頭燒到話筒！

- 看報紙時，因爲香菸太長，把報紙燒了一個洞！
- 觀看朋友射鏢時，因爲香菸太長，被飛過的鏢射掉了菸頭！
- 和友人聊天時，因爲香菸太長，把對方的鬍子燒起來了！
- 照鏡子時，因爲香菸太長，菸頭被鏡子碰彎了！

　　諸如此類在生活中會發生的糗事在廣告中表現出來，不禁讓人看了開懷大笑，印象深刻！很多人爲此好奇買來試試看，會不會發生和廣告上相同的趣事。於是一傳十、十傳百，銷售成績如滾雪球般！

　　結果，「百事好吉 100」長香菸的銷售量，從 1966 年的 2.2 億箱成長到 1967 年的 12.5 億箱，創造了香菸史上的另一奇蹟！

　　幽默是一劑潤滑劑，巧妙的運用在廣告裡，讓消費者產生驚喜和新奇。

　　1994 年李維（Levi's）牛仔褲的一支復古的 1920 年代黑白電影風格廣告，引起了年輕人的注意。影片內容是：

　　一名年輕送貨男子開車去藥房，向一位中年藥劑師購買保險套。買完後他將那包保險套放到李維 501 牛仔褲的一個內藏口袋裡；黃昏時，他到達了約會女友的家，結果發現開門出來的女孩父親，竟然是賣保險套給他的藥房藥劑師。

　　廣告詞說：「1873 年製造的 501 牛仔褲懷錶口袋，此後

一直被濫用。」

這支廣告影片在結尾出現的尷尬詼諧畫面，造成李維 501 牛仔褲的轟動，並獲得 1994 年的坎城電影節廣告金獅獎。

2011 年李維牛仔褲再次如法炮製，推出另支懷舊的黑白畫面廣告影片，內容如下：

影片以 1850 年西部拓荒時代爲背景，描述一個基督新教徒家庭，在西進的路上，停留在一個偏遠的地區野餐。

這個家庭的兩個女兒在野餐後走到附近的一條小溪，在那裡她們看到了一條李維牛仔褲放在岩石上，她們拿起牛仔褲端詳，猜想牛仔褲的男主人正赤身裸體的在游泳。

當一個年輕人從水裡浮出來的時候，出現了一個驚奇的結局，身材健碩的年輕人雖然是上身裸露，但下半身還是穿著濕透的李維牛仔褲；而在溪邊不遠處，反而有個光著身子的白鬍子老頭在找他的牛仔褲，這讓拿著牛仔褲的兩個姑娘不知所措！

這兩支李維牛仔褲的廣告影片都是以幽默的表現方式，在最後的結局出現了戲劇性的反轉，讓人看了不禁莞爾一笑。

幽默帶來生活樂趣，幽默的廣告讓人覺得有趣。但是幽默並非荒誕不經，也不能低俗不堪！幽默要點到爲止，讓人會心一笑！

善用幽默，讓顧客產生好奇心和嘗試的慾望！

07

紳士和女鑽工

如果你不會說故事，你就不能賣東西！

2006 年墨西哥朵瑟瑰（DOS EQUIS）啤酒想要打入美國市場，但是面對強勁的競爭對手，如何才能異軍突起呢？

　　美國啤酒市場一向競爭激烈，除了本地品牌的啤酒如百威、麥克羅、塞繆爾亞當斯、酷爾思以外，還有來自世界各地的進口品牌啤酒，如荷蘭的海尼根、比利時的藍月亮、愛爾蘭的健力士等。

　　當時所有啤酒品牌的廣告都是拍攝年輕人參加狂熱的派對時喝啤酒或是在海灘嬉戲、戶外運動時喝啤酒等。朵瑟瑰啤酒卻反其道而行，推出了一個「世界上最有趣的男人」的宣傳活動，宣傳活動推出後造成了轟動。

　　「世界上最有趣的男人」是一個虛構的人物，一位年約 70 多歲，留著鬍鬚、溫文儒雅、幽默傳奇、海明威式的紳士。

　　他們找了當時的美國演員戈德史密斯來飾演這個角色。這個男人之所以有趣是因為，他被描繪為：

- 他的血聞起來像古龍水。

- 他的手感覺像豐富的棕色絨皮革。

- 他的聲音低沉迷人。

- 他會在講法語中夾雜俄語。

- 蚊子拒絕咬他純粹是出於尊重。

- 他獲得了二次終身成就獎。

- 如果他要打你的臉，你將有一種強烈而無法抗拒的衝動想感謝他。

- 連他的敵人也將他列為緊急聯絡人。

　行銷的多重宇宙

更有趣的是他訴說他在年輕時的冒險故事，被拍成一系列的廣告影片，例如：

- 將一隻憤怒的黑熊從陷阱中解救出來，給這隻熊一個擁抱。
- 有一次響尾蛇咬了他，經過五天的極度痛苦，這條蛇終於死了。
- 和一名年輕女孩在海邊戲水時，二人合捕了一條巨大的馬林魚。
- 在觀眾面前，把球從躺在撞球檯上的人嘴裡射出來。
- 在賭場中，躺著推動兩名坐在椅子上的年輕女子。
- 找到青春不老之泉，但不喝它，因為他不渴。

而在每支廣告影片快要結束時，坐在夜總會中被一些年輕女性包圍的這位「世界上最有趣的男人」，他會很鎮定的凝視著眾人說：「我並不是經常喝啤酒，但是當我喝的話，我就喜歡喝朵瑟瑰。」

這系列廣告被看成喜劇短片，讓消費者感到有趣，而且最後的廣告語：「我並不是……，但是當我……，我就喜歡……。」被當成流行語，許多人拿來照樣造句，變成大家瘋傳的理由。

這個宣傳活動透過將「世上最有趣的男人」塑造成一位成功的人士，總是對著美女誇耀他的傳奇故事，讓他成為觀眾羨慕的對象，因此帶動了朵瑟瑰啤酒的銷售。

結果該啤酒於 2006 年至 2010 年在美國的銷售額不斷持續增長，而在加拿大的銷售額更於 2008 年增加了 3 倍，總銷售額因此上升了 22%，並導致美國其他啤酒品牌的整體銷售額下降了 4%，可以說是非常成功的宣傳活動。

這個宣傳活動，採取說故事的方式。雖然是虛擬的故事，但仍然讓人感覺好奇，由於幽默有趣而讓人記憶深刻。

說真實的故事，更能引起聽者或觀眾的共鳴！

美國「紅翼」（Red Wing）工作鞋為了向艱苦的工人及他們對工藝的堅定奉獻致敬，在 2022 年推出了真實而感人的「榮譽榜」廣告。

「紅翼」聘請了「農場聯盟」創意電影公司，以說故事的方式拍攝了一系列迷你影片。

該系列的第一部短片在母親節上映，它講述了雪莉·雅培（Shelly Abbott）的真實故事。

雪莉·雅培是第三代的地基鑽工，也是她家中第一位從事該行業的女性。她從小就和爸爸在一起工作，長大後繼承了家業。

電影中訴說了雪莉在她的行業中作為女性所承受的艱辛，工作辛苦，一般女性很難承受。還有她如何兼顧事業和家庭，除了不斷的改良鑽地基的技術外，還要全力支持她多病的兒子傑迪。

雖然傑迪天生有多重身體疾病，醫生說傑迪不能運動，但她卻鼓勵兒子不受任何限制，因此她在她家的院子裡建造了一座滑板公園，訓練傑迪運動。結果她兒子不但熱愛運動，還獲得二次參加青少年奧運擊劍項目的資格。

　　雪莉‧雅培的故事不但激勵人，而且是「紅翼」工作鞋品質最好的見證。

　　說故事是最有效的行銷方式！如果你不會說故事，你就不能賣東西！

　　說故事把顧客帶上情感之旅，吸引人們的慾望和需求，同時傳達產品或服務的訊息。

08

布萊克和帆布鞋

販賣夢想比販賣商品更動人！

一個二十九歲的美國年輕人去阿根廷度假，產生一個新的想法，引發了一個傳奇的故事，改變了他的一生，也改變了社會。

　　這個年輕人叫布萊克・麥考斯基（Blake Mycoskie），他在 2006 年時舊地重遊阿根廷，他愛上了阿根廷的馬球運動、探戈舞、Malbec 葡萄酒和 Alpargata（一種柔軟、休閒的帆布鞋）。這種帆布鞋幾乎阿根廷人人都穿，在城市、農場和夜總會到處都能看到。

　　在旅行即將結束時，布萊克在一家咖啡館遇到了一位美國婦女，她是一位志工，正準備把募款買來的鞋子送去給有需要的孩子。於是他花了幾天時間陪那位婦女及她的團隊從一個村莊到另一個村莊，幫忙去送鞋子給當地兒童，一路上他目睹了繁華城市之外的極度貧困。

　　他曾聽說過世界各地的貧困兒童經常赤腳，但這卻是他第一次親眼看到了赤腳的兒童罹患水泡、膿瘡和皮膚發炎等疾病。他開始想做點什麼事來幫助這些孩子，但是他不知道該做些什麼？

　　他最早的想法是成立一個慈善機構，但他認為自己不擅長募款，恐怕靠募款捐鞋難以持續；隨後，他突然想到一個方法：「為什麼不創辦一家鞋業公司？生產一種新型的 Alpargata 帆布鞋。每賣出一雙，就送給有需要的孩子一雙新鞋。」也就是說，解決的辦法是透過創業，而不是做慈善。

　　他替這家新公司和鞋子品牌取名為「TOMS」。

「TOMS」並不是人名「湯姆」的翻譯，而是從最早「Shoes for a Better Tomorrow」（爲了一個更美好的明日之鞋）的想法轉爲「Tomorrow's Shoes」（明日之鞋），再簡化爲「TOMS」。

他強調，它不是關於一個人，而是一個承諾：「爲了一個更美好的明天」。

他感到興奮無比，馬上和他阿根廷的朋友阿萊禾分享了他的想法，在得到認同後，他邀請阿萊禾一起爲實現這個夢想而努力。於是他們開始在阿萊禾家的穀倉裡工作，可是他們對製鞋一無所知，因此需要尋找當地的鞋匠合作。

一開始大多數鞋匠都拒絕，最後找到一個叫何塞的鞋匠願意配合，但是他的工廠偏遠，開車要數小時。事實上，何塞的工廠只是一間不比普通美國人車庫大的房間，裡面有幾台織布的舊機器和有限的布料，周圍都是公雞、騾子和爬蟲類動物，這些人世代都以同樣的方式製作同樣的鞋子。

在做好了 250 雙帆布鞋以後，布萊克就把它們塞進了三個行李袋，回到了洛杉磯。

布萊克當時是在開創一個網上道路駕駛的教育平台，對時尚、零售、鞋子或任何與鞋業相關的事情毫無概念，因此他就請了一些女性好友共進晚餐，並給她們講述了他的阿根廷之行、做鞋經過，以及對 TOMS 的想法。

結果，他的這些朋友們都喜歡 TOMS「買一雙、捐一雙」的想法，當場就買了鞋回去穿，又給他一份她們認爲可能有

行 銷 的 多 重 宇 宙

興趣銷售帆布鞋的商店名單，讓他感到充滿希望。

由於忙於原有工作，經過一段時間，他才拿了幾雙鞋，在一個週末去了他朋友推薦的「美國萊格」高級服飾店，拜訪該店負責買鞋的女採購。這位女採購當場就意識到 TOMS 賣的不是一雙鞋子，而是一個非常有意義的構想，因此馬上就下了單。

TOMS 因此有了第一家銷售點，但是 TOMS 真正的重大突破是：《洛杉磯時報》的時尚專欄作家摩爾聽說了 TOMS 的故事，就把它寫出來，發布在《洛杉磯時報》週末版的頭條新聞，結果當天他們在網站上就收到了 2,200 筆訂單。

接下來，隨著《洛杉磯時報》文章的發布引發更多報導，宣傳不斷增加。《Vogue》和其他雜誌如《時代》、《人物》、《美麗佳人》、《Elle》，都對 TOMS 進行了報導。

與此同時，TOMS 的零售點也擴大到 500 個全國性的高級百貨公司和服裝店。而且，好萊塢明星綺拉奈特莉、史嘉蕾喬韓森和陶比麥奎爾等名人就穿著 TOMS 帆布鞋在城裡出現，引起了消費者的注意。結果在第一個夏天，TOMS 就賣出了 10,000 雙鞋。

企業因夢想而偉大，販賣夢想比販賣商品更動人！

布萊克的夢想，兼顧了事業和慈善，成為企業回饋社會的典範，也影響了許多企業加入慈善捐助的行列。

09

貝克和海爾希

乘著音符的翅膀，順風而上，引領風騷！

1971 年倫敦的一場濃霧，讓一架飛往倫敦的飛機迫降在愛爾蘭的香農機場，卻意外的產生了一支膾炙人口的廣告歌曲和廣告影片。

比爾・貝克（Bill Backer）在當時是麥肯廣告公司的創意總監，負責可口可樂的全球廣告業務，當他被迫停留在香農機場過夜時，他很懊惱，因為他正準備去倫敦與他的音樂總監會面，為可口可樂製作新的廣播廣告。

第二天早上，坐在機場的咖啡館裡，他發現一些乘客似乎不再沮喪，快樂的喝著可口可樂，一邊嘲笑著他們共同遭遇的不幸。在那一刻，他得到一個靈感，可口可樂不僅是一瓶全球人都愛喝的飲料，它還是人與人之間的一種連結。因此，他隨手在餐巾紙上寫下歌詞：

我想給全世界買個家，用愛妝點它，

養植蘋果樹和蜜蜂，以及雪白斑鳩。

我想教全世界以完美的和諧歌唱，

我想給全世界買一瓶可口可樂，讓它陪伴。

這是真的！可口可樂是當今世界想要的！

這首歌於 1971 年 2 月 12 日在廣播電台播出，馬上流行起來。它非常受歡迎，結果在「Billboard Hot 100」流行音樂榜中排名第 7 名。

由於廣告歌曲大受歡迎，可口可樂公司決定使用該廣告

歌曲拍攝一支廣告影片，這就是曾經風靡一時的「我想給全世界買一瓶可口可樂」的廣告影片。

在影片中，500 個來自世界各地不同膚色和種族的年輕人，齊聚在義大利曼齊亞納的山頂上唱著「我想給全世界買一瓶可口可樂」。看著一張張年輕充滿活力的面孔唱出內心的希望，讓全世界的人動容。

可口可樂收到來自世界各地超過 10 萬封支持者的信！

音樂行銷讓可口可樂贏得了年輕人的心！透過音樂傳達了美麗的願景。時至今日，可口可樂不斷透過流行文化來延續它的品牌魅力。因此，為了迎接 2022 年夏天旺季的來臨，吸引新一代年輕人的喜愛，可口可樂重啟音樂行銷之路。

首先在年初，可口可樂公司成立了「可口可樂工作室」，致力於音樂行銷的推廣，目的是「為了尋求建立一個長遠和持續存在的目標，並提供一個讓粉絲隨時可以享受和體驗生活的內容」。

接著在 6 月初，它推出了美國新一代的女歌手海爾希（Halsey）的廣告影片。

可口可樂之所以選擇海爾希，是因為「她龐大、多元化的主要 Z 世代粉絲群，以及她對音樂包容和團結的熱情，與可口可樂的目標『通過對音樂的共同熱愛來團結年輕人』完美契合。」

可口可樂工作室的負責人說：「最重要的是，她是可口可樂的忠實粉絲，完全理解品牌所追求的真正魔力的感覺。」

這支廣告影片，可口可樂工作室從「a-ha 樂團」令人難忘的 80 年代合成流行歌曲〈Take On Me〉和手繪動畫中汲取靈感，對影片進行了藝術改造。影片配合海爾希發行的新單曲〈超棒的〉（*So Good*）作為背景音樂，畫面上當音樂響起，激發了空白畫布上旋轉的顏料飛濺，流露出藝術圖畫和可口可樂。海爾希一手拿著油畫刷子，一手拿著可口可樂，低頭喝了一大口。

海爾希發行的新單曲〈超棒的〉，是由她的配偶電影製作人艾丁執導並由二人主演的音樂 MV，取材於他們二人的真實愛情故事，在 6 月 10 日配合廣告影片一起播放。這部長達 3 分 49 秒的音樂單曲影片，在短短 2 週內已經有近 50 萬的瀏覽量！

除了海爾希的廣告影片以外，可口可樂工作室還要推出其他新生代歌手包括凱利德、樂洛伊小子、比亞和艾莉‧蕾諾克絲的夏季歌曲，並提供音樂會門票、藝人見面會、親筆簽名專輯等。

可口可樂希望透過新的音樂行銷宣傳活動，為新冠疫情大流行導致銷售不振的萎靡市場注入新的活力。

音樂是流行文化的一環，對消費者的影響無遠弗屆！

乘著音符的翅膀，順風而上，引領風騷！要想成為時尚品牌，必須緊扣流行文化的脈動！

10

香皂和真實美人

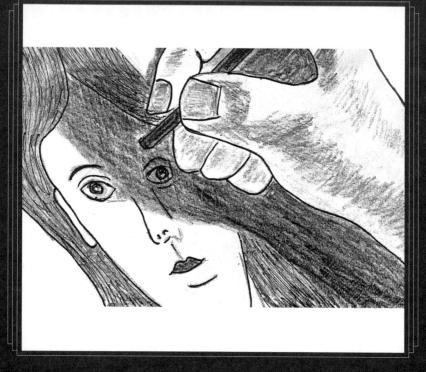

顯現自我、反璞歸真，
代表女性對自我價值的覺醒！

化妝品公司有勇氣鼓勵消費者勇敢的面對真實的自我嗎？

根據調查，只有 2% 的女性認為自己很漂亮。因此多芬（Dove）從 2004 年開始推出「真實美人」的行銷活動，希望能建立起女性的自信心。

多芬創立於 1957 年，是世界第二大消費品公司聯合利華（Unilever）集團下的護膚和護髮產品的品牌，產品包括香皂、沐浴乳、洗髮精、護髮乳、洗手液等。

「真實美人」的行銷活動第一階段，以一系列的戶外廣告為主，在全球各地設置廣告看板，展示了由英國著名的時尚人像攝影師瑞吉拍攝的普通女性（取代專業模特兒）的照片。同時他們邀請觀眾投票，決定這些照片上的女性看起來是「胖還是好」或「有皺紋還是漂亮」，接著將投票結果動態更新並顯示在廣告看板上。

該活動推出後，獲得了主流新聞媒體、電視脫口秀節目、女性雜誌的大量宣傳報導，產生的媒體曝光量估計價值超過付費媒體的 30 倍。因此，他們把宣傳擴展到其他媒體，包括電視廣告和平面廣告上。

「真實美人」的行銷活動非常成功，在三年內多芬的銷售額從 20 億美元成長 1 倍，增加到 40 億美元。

2013 年 4 月多芬進一步推出「真實美人素描」的廣告短片，獲得無數好評。

這支短片是由奧美廣告公司所製作，它通過一般女性對自我的描述和透過陌生人對她們的描述之間的差異，向女性顯示她們比自己認為的更美麗。

在影片中，邀請了七位女性，她們各自向一個聯邦調查局訓練出來的人像素描藝術家，訴說她們對自己的感覺，由這位素描藝術家把她們的臉畫出來。接著再由一位陌生人描述他在前一天遇見這些女性的印象，也是由這位素描藝術家把她們的臉畫出來。

結果比較前後二張素描畫像，陌生人所描述的女性形象往往比當事人自我描述的更美麗也更準確。當他們把結果顯示給受測的女性看時，這兩張畫像的差異讓她們感到非常驚奇。

透過這支影片，多芬向女性傳達一個訊息：「女人常常過分挑剔她們自身的外貌，反而沒有看到她們自己真正的美麗。」

這支影片推出一個月，在 YouTube 上的觀看次數就超過 1,140 萬次，可以說是大大的成功。

2016 年，多芬再接再厲推出「對真實美人心動」的廣告活動，測試男性對女性的真正反應，發掘男性心中對真實女性的感受。

活動方式是：讓觀看圖像的受測男性手膀戴上心臟脈搏測量器，因此在觀看圖像時會顯現心跳的速度，代表觀賞者

行 銷 的 多 重 宇 宙

心動的程度。

影片中邀請幾位男士觀賞不同女人的圖像，一開始展示幾幅非常美艷的模特兒圖像，這些男士雖然覺得美，但也覺得有些冷漠和疏離感；然而，當他們看到自己的女性親人（太太、母親、女兒）的圖像時，他們就無法隱藏他們幸福的情緒，通過監視器上可以看到他們的心跳加快。

無論是妻子的微笑還是母親的皺紋，透過影片中說明了：美麗不是由現在的時尚雜誌或時尚節目所界定，在親人的眼中她們永遠是最美麗的！

結果這支廣告短片一推出又造成轟動，一個月內在YouTube 上的觀看次數超過 150 萬次。

2021 年 4 月多芬推出「自拍不修圖」宣傳活動，延續「眞實美人」的行銷主題，目的在對抗自拍文化對年輕女孩的負面影響。

因爲根據研究發現，80% 的女孩到 13 歲時會扭曲她們在網上的樣子，她們會透過修圖改變自己的容貌。因此多芬希望透過這項宣傳活動來指出：透過數位軟體的修圖如何損害自尊以及爲什麼需要改變。

多芬推出的「自拍不修圖」廣告影片呈現了數位修圖失眞的過程，它鼓勵年輕女孩通過網路上「自拍論壇」的討論，來加強自我的信心和對自我容貌的肯定，並致力於消除不切實

際的美容標準。

　雖然該宣傳活動從未展示或宣傳該品牌的產品，但它們得到了媒體和公衆的廣泛讚譽。

　隨著時代的進步，顯現自我、反璞歸眞，代表女性對自我價值的覺醒！多芬的這系列行銷活動獲得了消費者的認同，也提升了消費者對該品牌的好感度。

第 章

競爭的宇宙：
挑戰和應變

「在競爭的宇宙中，競爭是推動我們世界創新
和進步的動力。」

—— Naveen Jain，InfoSpace 創辦人。

沒有競爭就沒有進步，競爭驅使人們不斷的進步，挑戰極限。

現在的競爭越來越激烈，今天的領導者可能會成為明日的黃花，因此唯有不斷的提高警覺，才能保持領先不墜。

儘管競爭的策略無數，但是選擇正確的策略才是最重要的。你必須了解自己在市場上的地位和競爭實力，選擇最適合自己、最有利的策略。

如果你是領導者，你就要防堵競爭者的一切行動；如果你的實力和領導者不相上下，你可以和他一爭高下；如果你是弱勢者，你可以出其不意、發動奇襲；如果你是後發者，你可以側翼迂迴、另闢戰場。

你可以創造事件、製造話題或感性訴求，可以整合資源、跨業合作，可以防禦、攻擊、突擊和游擊。

你要比競爭者更積極、更快速、更靈活、更機動、更有創意。

在競爭的宇宙中，你必須不斷重塑。你隨時會有新的競爭者，也不斷會有新顧客。因此你也需要不斷挑戰自我、超越自我。

01

平流層跳傘和破 2 挑戰

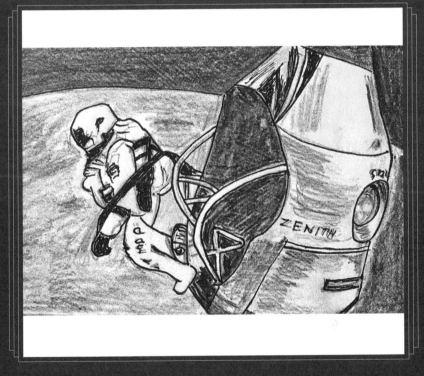

具有影響力的「事件行銷」，
能給人們帶來難忘的體驗！

紅牛 (Red Bull) 能量飲料一向標榜它能帶給人們無限的活力,同時它也是極限運動的倡導者以及一級方程式賽車的贊助者。然而,還有比贊助一級方程式賽車更能引入注目的宣傳活動嗎?

因此在 2012 年,紅牛公司大膽嘗試,推出了「紅牛平流層跳傘活動」,造成巨大的轟動,成為有史以來最成功的「事件行銷」活動範例。

平流層是地球大氣層中離地表 10 ～ 50 公里的氣流層。「紅牛平流層跳傘活動」目標是要打破 1960 年由美國空軍上校約瑟夫所創下的 31,333 公尺人類最高跳傘高度,並在不靠飛行器輔助的自由落體狀態下突破音障。

紅牛公司找來奧地利籍的世界頂尖定點跳傘好手菲利克斯‧包格納 (Felix Baumgartner) 擔任平流層跳傘活動的主角。包格納是世界定點跳傘的冠軍,完成了超過 2,500 次的跳躍,曾經從世界上最高的兩座建築物:馬來西亞的雙子塔高樓和台北 101 大樓跳下,並且在碳纖維機翼的推動下飛越英吉利海峽。

平流層跳傘活動,首先利用由氦氣球懸吊的太空艙將包格納載到平流層高空,讓包格納穿著加壓太空裝進行跳傘。

整個活動在 2012 年 10 月 14 日上午進行,首先抵達新墨西哥州羅斯威爾的一個機場,包格納乘坐氦氣球懸吊的太空艙,經過 5 個小時的上升,飛行了大約 39 公里進入美國新墨西哥州上空的平流層。

隨後，包格納步出太空艙往下跳，以時速 1,357.64 公里的速度自由落體。經過了 4 分 19 秒，他展開降落傘，安全定點著陸，整個跳傘活動約 10 分鐘完成。

結果顯示，包格納打破了兩項世界紀錄。他創造了最高跳傘高度 38,969 公尺。同時，也創造了 37,640 公尺的最高載人氣球飛行的非官方記錄。

紅牛將整個活動過程即時轉播，當天在 YouTube 上同時有 950 萬直播觀眾。而且有 50 個國家的 80 家電視台一起轉播，280 個網紅傳給超過 5,200 萬粉絲觀看，超過 310 萬 Twitter 發文。

「紅牛平流層跳傘活動」估計總成本超過 3 千萬美元，但是獲得的效益也是非常高。

除了品牌知名度、消費者參與度大幅提升之外，6 個月內紅牛在美國的銷售額增長 7% 到 16 億美元，全年全球銷售額增長 13% 到 52 億美元。

由此可見，一個成功的「事件行銷」，帶來的效益是多重的。

2016 年是 Nike 10 多年來第一次不是美國最暢銷的運動鞋品牌，競爭者愛迪達（Adidas）的整體運動鞋銷量猛增 80%，而彪馬的（Puma）股價也暴漲，對 Nike 造成威脅。因此，Nike 如何能扭轉頹勢、重振雄風呢？

Nike 決定打破傳統的宣傳方式，在 2017 年推出馬拉松「破 2 挑戰活動」。

「破 2 挑戰活動」是 Nike 準備挑戰在 2 小時內完成馬拉松比賽的活動，希望打破長期以來馬拉松選手無法突破 2 小時體能極限的障礙。

首先，Nike 組建了一支由三名世界頂尖馬拉松選手組成的團隊，這三名成員包括肯亞籍的基普喬蓋、伊索比亞籍的戴西沙，和厄利垂亞籍的塔德賽，Nike 替這些選手進行了訓練，幫助他們做好挑戰的準備。

該活動於 2017 年 5 月 6 日在義大利的一級方程式賽車場舉行，比賽於早上 5:45 開始，選手們圍繞著一條全長 2.4 公里的環形跑道上反覆跑 17.5 圈完成比賽，結果肯亞籍的基普喬蓋以 2 小時又 25 秒贏得了比賽。

儘管這一時間比世界紀錄快 2 分 32 秒，但它並不算是國際田徑聯盟標準下的正式世界紀錄。馬拉松原先的世界紀錄是 2 小時 2 分 57 秒，由丹尼斯‧基梅托在 2014 年柏林馬拉松比賽中締造。

「破 2 挑戰活動」的現場直播獲得了創紀錄的觀眾觀看，觀眾超越了田徑愛好者，普及到一般大眾，現場直播觀看的人數幾乎是紐約、波士頓和芝加哥馬拉松賽觀眾的 8 倍。比賽結束後不久，Nike 宣布他們與國家地理雜誌合作製作了一部長篇紀錄片，該紀錄片於 2017 年 9 月 21 日在國家地理雜誌的 YouTube 頻道上發布。

　行銷的多重宇宙

這次「破 2 挑戰」活動結果總共有 1,310 萬人通過 Twitter（這是 Twitter 有史以來最大的品牌直播活動）、Facebook 和 YouTube 觀看，到目前為止，已累積 1,900 萬的觀看人次。

雖然「破 2 挑戰」活動失敗了，差了 25 秒未能打破二小時內完成馬拉松賽的目標，然而 Nike 這種大膽的嘗試還是得到了大眾的尊敬，也大大提升了 Nike 的品牌形象，重建它是運動鞋領導者的地位，從而喚回顧客對它的信任和忠誠度。

具有影響力的「事件行銷」，能給人們帶來難忘的體驗！

「事件行銷」可以採取多種形式，例如研討會、工作坊、網路研討會、體驗式活動或節日。這些活動可以由公司主辦，也可以與其他組織或行業的協會合作，舉辦範圍更廣的大型活動。

成功的「事件行銷」需要精心策劃和執行，包括選擇合適的場地、向目標消費者進行宣傳，以及創造引人入勝的互動體驗。

透過「事件行銷」可以引起眾多消費者的共鳴，因為他們也渴望參與，共同見證創造歷史的那一刻。

02

七彩噴射機和空中脫衣

創造「話題行銷」，顛覆傳統，
製造新聞，造成轟動！

1928 年夏天在美國奧克拉荷馬州成立的布拉尼夫
（Braniff）航空公司，其業績曾列入世界九大航空公司之一。
但是由於它的航線主要在美國中西部和西南部、墨西哥、中
美洲和南美洲，所以名氣並不響亮。

1964 年，布拉尼夫為了徹底改變整個航空公司的形
象，聘請了 WRG 廣告公司的創辦人瑪麗・威爾斯・勞倫斯
（Mary Wells Lawrence）來策劃。

瑪麗・威爾斯・勞倫斯是 60 年代迄今風頭最健的女廣告
人，她的創意風格不但詼諧幽默，而且大膽獨特。

幾乎每一家航空公司都購買相同的噴射客機，且在同樣
的機場起飛和降落，其所提供的服務品質也是大同小異。而
且航空公司的限制比其他行業多，它受到政府的規範，不可
能任意更改飛行航線和班次；因此，「要讓一個知名度低的航
空公司出名，應該如何做呢？如何讓布拉尼夫與眾不同？如
何創造令人驚異的話題，引起人們的注意？」這是瑪麗・威
爾斯・勞倫斯在構想的方向。

她決定要發展一套完整的行銷創意，由外到內重新包裝布
拉尼夫航空公司，讓它顛覆傳統，徹底改變公眾對它的認知。

於是，她找來了建築師兼設計師亞歷山大・吉拉德為布
拉尼夫進行了全面的品牌識別系統重新設計，融了那個時
代旺盛的色彩和圖案，打造出體現航空旅行愉悅的感覺。

從商標、飛機行程表、票夾、行李牌、餐具、撲克牌、
糖包、肥皂盒、垃圾袋等，吉拉德進行了驚人的 1.7 萬次設

計改變。

最大膽的是，連飛機的外觀也改變了！傳統紅、白、藍相間的飛機顏色消失了，他把每一架飛機的機體噴上單一的顏色，共有七種：黃色、橙色、綠松石色、深藍色、淺藍色、赭色和米色，再搭配上黑色的機鼻和白色的機翼及機尾。

他的想法是讓一架飛機看起來像一輛偉大的賽車一樣，機身漆成純色，清楚的表現了它的形狀和個性。

不但如此，飛機的內裝也全部換新，從座艙、座墊到毛毯，都採用了新的配色，將純色和格子及條紋圖案相結合。還有售票區和機場休息室也進行了改裝，包括充滿未來感的新家具。

除此之外，瑪麗・威爾斯・勞倫斯又找來義大利時裝設計師艾米利歐・普奇為飛行人員和地勤人員設計新的制服。

尤其是艾米利歐・普奇設計出具有未來主義的太空時代主題空姐制服，色彩繽紛，令人驚艷；包括了長筒靴和半透明的頭盔，頭盔是為了讓空姐的髮型在穿過多風的停機坪時不會弄亂。

整個創意的構想是要打破傳統飛機的單調，讓整個飛行變得生動有趣。因此，航空史上最偉大的行銷活動產生了。配合新的品牌、新的飛機、新的制服等的亮相，WRG 廣告公司推出了「平淡飛機的終結」廣告。

廣告畫面是一排顏色各異的布拉尼夫噴射客機，文案內容為：

行 銷 的 多 重 宇 宙

我們的飛機和其他航空公司截然不同。我們的飛機非常華麗。為什麼會這樣？

經常搭飛機的你，一定會發覺旅途是多麼無聊！我們想從這裡突破，找出其他方向，因此我們的第一步就是將顏色塗上了飛機。向單調的飛機告別！

這個宣傳活動一推出，馬上造成轟動，引起人們的關注。

瑪麗‧威爾斯‧勞倫斯想要乘勝追擊，再推出一個更引入熱議的話題。

根據調查，經常坐飛機往返的乘客大多是男性，因此瑪麗‧威爾斯‧勞倫斯在想：「如果能吸引男性旅客的注意和興趣，應該能大幅提高業績。」

她提出了一個狂野大膽的構想：「如果能夠在機艙內，讓空姐表演空中脫衣以娛樂男性旅客呢？」

她和時裝設計師艾米利歐研究，可否設計一套多層的套裝，可以層層脫去——當然不是要脫光。於是，精彩的「空中脫衣」宣傳活動展開了。光是標題就引人遐想，讓人想入非非。

廣告畫面是一位空姐連串重疊交叉的脫衣動作，文案內容爲：

我們想請你從空姐的服勤狀況來看布拉尼夫航空公司的千變萬化。

在機場，她們穿著風衣，戴著手套，腳著長筒靴，歡迎你的光臨。如果是下雨天，她們會戴上白色的塑膠頭巾。

進了機艙，她們會脫下風衣，讓你看到漂亮的洋裝。

為了不使洋裝弄髒，準備餐點的時候，她們會換上可愛的便服。整理完餐具後，她們會再換回洋裝。

從起飛到降落之間，她們會逐件脫下衣服，吸引住你的目光，何況她們脫得多麼乾淨俐落！你會想：何不多坐一會兒！

我們的想法也和你一樣。

這樣的宣傳活動一推出，又是造成空前的轟動。

從 1965 到 1975 年之間，沒有哪家航空公司比布拉尼夫表現得更時尚、更有魅力的了！它創造了全新的飛行體驗，並且大大提高了銷售額。

布拉尼夫的行銷成功就是：創造「話題行銷」，顛覆傳統，製造新聞，造成轟動！

從行銷的角度來說，口語傳播是最具有威力的傳播，能夠造成口語傳播的，莫過於製造話題。

要製造話題，你就必須帶給人們一個有趣的故事，能夠吸引人的故事，因此你的故事必須是新奇的、大膽的、不尋常的、具有娛樂性的和祕密性的，甚至碰觸到一些敏感的禁忌話題，才能引起廣大群眾的注意。

　行銷的多重宇宙

03

百事挑戰和為華堡改道

採取「攻擊行銷」，如果你是老二，你
就該大膽的向老大挑戰！

在可樂業，可口可樂長期以來一直是第一位，百事可樂則屈居第二。但是在 1985 年，百事可樂一度超越了可口可樂稱王。

原因開始於 1975 年，百事可樂推出了「百事的挑戰」宣傳活動。

一開始百事可樂在美國達拉斯推出這個活動，他們在購物中心和其他公共場所，邀請人們在可口可樂和百事可樂之間進行口味盲測，測試的結果，人們傾向於選擇百事可樂而不是可口可樂。

因此，百事可樂將這個活動擴大到全美各地，活動期間有 6 百萬人進行了口味盲測，其中 52% 選擇百事可樂，42% 更喜歡可口可樂，6% 兩個品牌都不喜歡。

百事可樂將這個結果在電視廣告中大大的宣傳，秀出了人們驚訝的表情，因為他們在口味盲測中選擇了百事可樂。

「百事的挑戰」宣傳活動發揮了威力，到 1983 年，可口可樂的市占率從二戰後的 60% 下降到 24% 以下，百事可樂在超市的銷量開始超過可口可樂，可口可樂僅在自動販賣機和速食店等場所保持領先地位。

可口可樂的高級主管開始急了，他們覺得有必要做出回應。一開始，他們發布新聞稿質疑盲測結果，並推出「可口可樂更好」的廣告來回擊，但銷售並無起色。

接著他們想，既然每個人都更喜歡百事可樂，何不改變

配方來複製百事可樂，因為如果你不能打敗他們，那就加入他們。

　　結果，在 1985 年 4 月 23 日，可口可樂公司宣布推出新配方的「新可口可樂」（New Coke）取代舊有的可口可樂。

　　事實證明這是一個錯誤的決策，憤怒的消費者蜂擁而至，4 萬人打電話或寫信要求可口可樂公司改回舊的可口可樂。經過了 79 天，最後可口可樂公司在 7 月 11 日宣布把舊的可口可樂以「經典可口可樂」（Classic Coke）的名稱重新帶回市場。

　　而百事可樂也利用了這種情況大做廣告，在《紐約時報》上刊登整版廣告，宣稱百事公司贏得了長期的可樂大戰，因為改變配方代表可口可樂承認它不是原來一直宣稱的「真的可樂」！

　　經過這場戰役，百事可樂的銷售額增長了 14%，這是該公司歷史上最大的銷售增長。

　　「百事的挑戰」宣傳活動說明了：如果你是老二，你就該大膽的向老大挑戰！只要有真本事，就不要怕公開叫陣，挑戰對手！

　　在漢堡業，麥當勞一直是第一位，漢堡王則屈居第二，漢堡王不停的想要超越麥當勞。

　　2018 年 12 月漢堡王推出了一個很奇特的「為華堡改道」的促銷活動。「華堡」（Whopper）是漢堡王推出的漢堡名稱。

活動內容如下：

消費者可以用一分錢美元買到華堡，條件是先下載漢堡王的 app，然後開車往競爭對手麥當勞的店，當接近麥當勞店不到 600 英尺時，他們就可以通過漢堡王的 app 訂購一份一分錢美元的華堡，接著該 app 會提供路線圖讓訂購者再改道前往附近的漢堡王店購買華堡。

這個促銷活動看起來大費周章，居然讓顧客先到競爭者的店，再改道回到自己的店，似乎有違常理。

但消費者卻樂此不疲，短短 9 天內就有 150 萬人下載app。而且在促銷期間，透過手機 app 訂購華堡成長了 2 倍，到店消費達到了四年來的最高水準，漢堡王估計該活動為他們贏得了 37 倍的投資報酬率。

2019 年 9 月漢堡王乘勝追擊，再次針對麥當勞推出了「逃離小丑」的宣傳活動。

小丑是麥當勞推出的吉祥物，「逃離小丑」影射「逃離麥當勞」，它的活動方式是：

在麥當勞店內的顧客會在 Facebook 或 Instagram 上收到一條訊息，告訴他們使用手機上的漢堡王 app，掃描麥當勞電影雜誌中的文章，就會出現一個「逃離小丑」的按鈕，點擊該按鈕時會顯示一個 AR 做成的紅色氣球和一張一分錢美元的華堡優惠券。

得到優惠券的人必須在限定的時間內從麥當勞店離開到漢堡王店去兌換。同時，漢堡王 app 會提供前往最近漢堡王店的最快路線圖，並顯示一個倒數計時器。那些及時趕到的人就可以以一分錢美元的優惠券購買一份華堡。

「逃離小丑」的宣傳活動同樣獲得成功，消費者熱烈的參與，使得漢堡王的業績再次成長。

漢堡王的策略是針對新一代的年輕人，他們習慣使用手機，對品牌的忠誠度較低，而且能夠接受新點子，喜歡接受挑戰。

市場上的老大只有一位，如果你是第二位，而且和老大的實力在伯仲之間，你就該採取「攻擊行銷」，大膽的向老大挑戰！

搶錢要搶銀行，因為銀行錢多；搶市場就要搶老大的市場，因為老大的顧客多！

智取對手，老大也會有失手的時候！

04

傑飛羚和大使

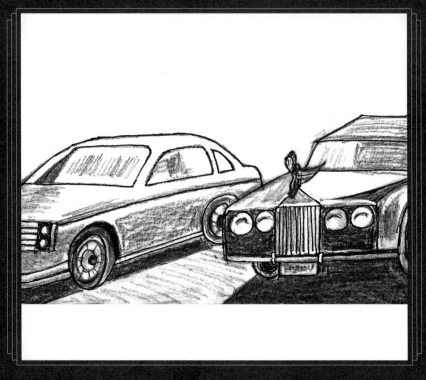

發動「突擊行銷」，以小搏大，
是弱勢品牌的翻身法！

60 年代，美國汽車公司是一家小型的汽車製造商，和當時的三大汽車公司：福特、通用和克萊斯勒相比，簡直是小巫見大巫。美國汽車公司究竟如何在強敵環伺下生存呢？

1968 年美國汽車公司委託了 WRG 廣告公司為他們想想辦法。

在 WRG 廣告公司創辦人瑪麗‧威爾斯‧勞倫斯的策劃下，WRG 廣告公司為美國汽車公司推出了非常聳動的「不公平的比較」宣傳活動。首先，他們推出了一支廣告影片，影片的內容如下：

畫面中有幾個男人拉出一部非常酷似福特野馬(Mustang)的跑車，隨後看到一個接一個的鐵鎚重擊、刀子切割，把那部車子打得面目全非！

旁白說：

如果這部跑車能夠像這樣的話，把保險槓弄厚些、把車窗弄寬些、把座墊弄豪華些、把把手弄高雅些、把車廂弄寬敞些、把後座弄大些、把行李廂弄寬些，你認為大家會買嗎？

緊接著，畫面上以火藥將那部酷似福特野馬的跑車爆破掉，在濃密的白煙中，出現了美國汽車公司的傑飛羚(Javelin) 跑車。

這支廣告影片充滿濃厚的火藥味，以傑飛羚跑車明目張膽的向野馬跑車做出攻擊性的挑戰，引起了大眾的注意

和討論。

配合廣告影片的播放，平面廣告也以「野馬和傑飛羚不公平的比較」為主題相互呼應。文案內容為：

我們向攝影師要求在同樣條件之下拍攝這二部車子，結果野馬遜色多了！

我們的傑飛羚擁有堅固的保險槓，對野馬不利的是，它又扁又平的保險槓很不上相。

我們的傑飛羚使用昂貴的玻璃，三角窗不會妨害視線的掃描。我們說不公平，因為野馬不具備這些。

我們的傑飛羚比野馬有更高雅華麗的外觀。車頂的接線都是用手工打造，野馬則是用機器處理的，多麼不公平！

我們的傑飛羚擁有強大的 6 汽缸引擎，比野馬更大的排氣量、更強的馬力，不會是公平的！

我們的傑飛羚具有比野馬更大的油箱、更強的電瓶、更寬的行李廂，當然不公平！

更不公平的是，我們的傑飛羚銷售數量不及野馬多！

「不公平的比較」宣傳活動，直接把美國汽車新推出的傑飛羚跑車和年銷 40 萬輛、福特汽車最暢銷的野馬跑車相提並論，使得傑飛羚一推出就聲名大噪！

除了把野馬拿來和傑飛羚做比較以外，WRG 廣告公司又

　行銷的多重宇宙

把市場上最頂級的勞斯萊斯（Rolls-Royce）轎車拿來和美國汽車旗下最高級的大使（Ambassador）轎車做比較。

他們推出「勞斯萊斯與大使不公平的比較」平面廣告，文案內容如下：

配備冷氣的大使轎車，是同價位級數的雪佛蘭黑斑羚（Impalla）轎車和福特銀河（Galaxie）轎車所望塵莫及的！

我們選上的比較對象是勞斯萊斯！

無可諱言，19,600 美元的勞斯萊斯是毫無瑕疵的。

當然，2,918 美元的大使不是由和勞斯萊斯相同的零件所製成的，我們沒有這麼厚臉皮。

但是大使擁有和勞斯萊斯相同的冷氣配備，大使的車體結構和勞斯萊斯相同，而車頂比勞斯萊斯高、內部更寬敞。

不管如何，勞斯萊斯並不是人人都買得起的轎車！

這則廣告又是一絕，它把價格 3,000 美元的大使轎車和價格 2 萬美元的勞斯萊斯轎車相比較，雖然是自抬身價，但也讓人們刮目相看。畢竟，勞斯萊斯在一般美國人的心目中「只能看、買不起」，只有羨慕的份！

「不公平的比較」宣傳活動推出後，美國汽車的市占率由3% 增加到 5%，銷售量增加了 60%。

如果你在市場上處於弱勢，最好的方法就是發動「突擊行銷」，出其不意的攻擊領導者，攻其不備。而且以小搏大，正

是弱勢品牌的翻身法！

　　如果你擁有優於競爭對手的商品，即使是處於劣勢，也可放手一搏。弱者對強者攻擊，既可激發人們同情弱者的心理，又可製造話題，成為人們關心和討論的對象。

05

女士和芳香噴霧劑

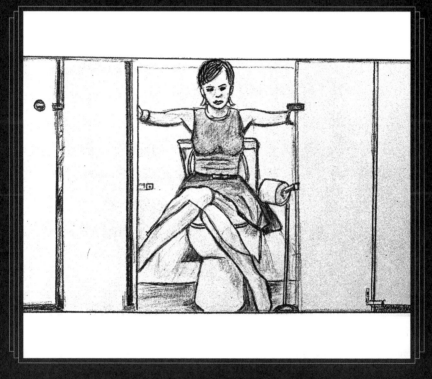

「游擊行銷」出奇招，小兵可以立大功！

每個家庭都有相同的困擾，上完廁所後，臭味很難消除，因此坊間有很多浴廁芳香噴霧劑。但是，這些芳香噴霧劑只能把異味和香味中和，卻無法去除。

　　「是否有一種方法能使如廁前後都無異味？」

　　這個問題來自一位家有三個孩子的家庭主婦蘇西・芭蒂絲（Suzy Batiz），她一直非常喜歡使用精油，因此她開始研究精油是否可以比一般的浴廁芳香噴霧劑更有效的去除廁所的異味。

　　她的目標是創造一種獨特類型的浴廁芳香噴霧劑，在上廁所之前，先直接噴入馬桶內，讓這種芳香噴霧劑可以形成一種薄膜似的屏障來捕捉氣味並消除它，因此整個如廁的過程都不會聞到異味。經過 9 個月的反複研究測試後終於獲得成功。

　　她把新產品命名為噗噗麗（Poo~Pourri）芳香噴霧劑。

　　但是如何成功的把它推到市場上呢？

　　如廁是一個很敏感的話題，一般人都避而不談，所以在宣傳上要非常有技巧，而且必須要出奇招，才能引起市場的注意！因此，必須拋棄傳統浴廁芳香噴霧劑的固定印象，重新營造一個優雅的品牌形象。

　　首先，芭蒂絲想要賦予品牌一個鮮明的個性，她根據自己喜歡的知名小說來發展自己的品牌識別系統，那就是《愛麗絲夢遊仙境》。她認為《愛麗絲夢遊仙境》不但是人們都喜歡

　.....................　　　　　　　行 銷 的 多 重 宇 宙

的童話故事，而且故事中的人物都很漂亮、聰明、有禮貌，最重要的是，所有的女性都喜歡他們。

於是她把整個品牌的氛圍打造成《愛麗絲夢遊仙境》的感覺。在商品設計上，噗噗麗芳香噴霧劑的容量是 4 ml，精緻小巧，標榜全天然精油製成，完全不含防腐劑或化學物質。

包裝採用古典的外觀，非常優雅，讓它看起來像是來自神奇童話的精靈藥水，就像高級的法國香水瓶一樣。這些小瓶子瞬間讓顧客感覺他們手裡拿著的是一件昂貴的獨家商品。當商品看起來很棒且性能更好時，它就會受到顧客的歡迎。

而噗噗麗芳香噴霧劑的官網看起來更像是一個來自童話故事的魔法花園，從字體到配色的設計都非常優雅和俏皮。唯一讓顧客真正了解它是浴廁用品的是該品牌商標下的一句標語：「在你走之前把馬桶噴一下，沒有人會知道。」

當萬事俱備後，接下來最大的挑戰是：「如何廣告才能讓商品一炮而紅？」

芭蒂絲決定拍攝一支有趣、讓人印象深刻且津津樂道的廣告影片。

雖然，有些人可能會認為男性比較適合拍攝關於如廁的搞笑廣告，擔心由女性來演出是否會很尷尬？但是根據噗噗麗公司針對他們顧客所進行的深入研究顯示，他們的目標顧客絕對不是所有人，而是年輕、有環保意識的女性。

因此，他們決定找一位美麗、精緻、衣著考究的紅髮女

郎，帶著上流社會的英國口音，坐在廁所馬桶上侃侃而談馬桶經，這樣包準會讓人大吃一驚！

於是，一支名爲「女孩不便便」的廣告影片出現了，片中的美麗女孩對著觀衆說：

「你如何讓世界相信你的便便沒有臭味？或者事實上你從不便便？有了噗噗麗，一切皆有可能……。」

結果這個廣告影片一經發布後，噗噗麗馬上在社群媒體上引起轟動，前 2 週 YouTube 的瀏覽量達到了接近 30 萬次，最後所有社群媒體的瀏覽量達到了 2 億次，造成了旋風式的病毒傳播！甚至賣出了超過 2 千萬瓶的噗噗麗芳香噴霧劑，創造了 4 億美元的年營業額。如此傲人的成績，使得噗噗麗成爲 2018 年美國浴廁商品的第一品牌。

噗噗麗芳香噴霧劑的成功，最主要的是大膽出擊。正因便便是大多數人不想談論的話題，尤其是女性，然而噗噗麗推出的廣告影片卻毫不避諱，讓人們乍看之下完全意想不到，並且在幽默中不失優雅。

事實證明，它出其不意、令人震驚的內容是有效的，也將它和其他競爭對手的商品特點區分開來，它是非傳統的、傑出的、引入注目的，這才促成商品大賣；此外，噗噗麗自始至終一直維持良好的品牌形象，堅守以《愛麗絲夢遊仙境》爲主題的設計構想。

對於名不見經傳的小品牌來說，最好的戰略就是探取「游

擊行銷」，快速發動奇襲，讓領導品牌猝不及防！「游擊行銷」可以使小公司在巨人主宰的市場夾縫中獲得生存，在巨人還未發覺前獲得茁壯！

因此，儘管浴廁芳香噴霧劑的領導品牌如飛比斯（Febreze）等發現並推出類似商品，也無法動搖噗噗麗在浴廁芳香噴霧劑的領導地位了。

噗噗麗採取「游擊行銷」出奇招，代表小兵也可以立大功！

06

內衣、電腦和超市

「感性行銷」讓品牌能夠和消費者的
情感經驗相連結！

如果一個品牌明明大眾耳熟能詳，但卻缺乏品牌的特性和魅力，該怎麼辦？

在 90 年代風靡美國市場的「維多莉亞的祕密」（Victoria's Secret）內衣，便面臨了這樣的困境。

「維多莉亞的祕密」內衣隸屬於 The Limited 服飾集團之下，它以標榜英國風味羅曼蒂克的氣氛為主，成為美國內衣的領導品牌。The Limited 服飾集團的總裁李斯威斯納在 1995 年委託了泰洛廣告公司，為「維多莉亞的祕密」重塑品牌個性。

他們發現原有的品牌定位以維多利亞時代為背景，讓人感覺保守、傳統、不夠性感，因此他們大膽的採取重新定位策略，讓「維多莉亞的祕密」內衣成為時尚、摩登、現代、性感的象徵。

首先，他們重新設計 logo，以心型圖案加上條紋，並配上代表愛情的粉紅色，構成品牌的辨識系統，突顯浪漫、性感和神祕的特性。

接著，他們把商品從內衣跨足到美容用品，推出令人充滿遐想的香水，命名為「邂逅」（Encounter）和「夢天使」（Dream Angel），更添增了品牌美麗的想像力。

另外，他們提出以世界第一流的名模作為代言人，並舉辦大型的內衣秀，向世人展示「維多莉亞的祕密」其品牌和內衣的魅力。此後，「維多莉亞的祕密」每年一次的大型內衣

秀，都選在不同的城市，如坎城、巴黎、紐約等地舉辦。甚至每次都邀請知名的搖滾歌手如艾爾頓強、泰勒絲等現場演唱，並邀請各界名流和頂尖時裝設計師現場參觀。

秀中演出的模特兒可以說是囊括了全世界最頂尖的名模，如吉賽爾、海蒂等人，因此「維多莉亞的祕密」內衣秀，成爲每年時尚界最受人矚目的盛會。同時透過電視轉播和網路下載，讓無數的消費者可以分享，使「維多莉亞的祕密」聲名大噪，成爲全世界最受歡迎的品牌之一。

「維多莉亞的祕密」以感性訴求，重新定位品牌，因而獲得空前的成功。

如何打破電腦生硬刻板的印象？

IBM 電腦在 2000 年以後，爲了改變顧客對它以往的印象，因此捨棄理性，改以感性的訴求方式，推出一系列以顧客和員工的照片爲主的平面廣告，強調其人才和顧客的卓越性，充滿了人性化風格。

同時在廣告主題上，也以「提供電子商務解決方案」切入，展現創新和科技領導者的面貌，讓消費者感到親切和耳目一新。

在科技日益發達的今天，消費者面對複雜混亂的資訊、嚴肅深奧的科技和日益疏離的人際關係，更渴望品牌具有感性和親和力。

超級市場一定是冷冰冰的賣場嗎？

　美國康乃狄克州的史蒂夫李奧納德（Steve Leonard's）超級市場，翻轉了一般超級市場的印象。

　它並非傳統的超級市場，在進門前是一座小型的農場，裡面有乳牛、山羊、雞、鴨、豬等各種家禽和家畜，讓小孩和大人都感到很興奮。

　店內還有一座迷你火車軌道，有玩具火車在跑。還有一個迷你的牛奶製造廠，可以看見牛奶的製造過程。

　同時店內還播放各種卡通音樂，並充滿現煮咖啡和現做食物的香味，這家超市不但代表自製新鮮，還把歡樂帶給全家人。

　上述的例子都是企業和品牌採取「感性行銷」的典範。

　「感性行銷」是以感性的訴求方法，讓品牌能夠和消費者的情感經驗相連結，讓品牌融入消費者的日常生活中，建立長遠和親密的關係。

　「感性行銷」可以針對不同族群，採取不同的訴求方式。例如：針對銀髮族的訴求，要讓他們感覺老當益壯、青春永駐，仍然充滿活力和幹勁；針對 X 世代的訴求，必須能展現個人風格，精明而能幹；針對 Y 世代的訴求，要提供他們喜歡的酷炫、有趣、能夠互動的事物。

　而且，「感性行銷」要能提供多元化的感官體驗，重視五

感行銷，包括視覺、聽覺、味覺、嗅覺、觸覺等各方面，讓消費者感覺興奮、新奇和難忘。

　　未來的品牌必須採取「感性行銷」，具有感性的內涵，並藉由個人化和全方位的方式和消費者連結，才能替品牌建立獨特的個性和信賴感。

07

旅行、搜尋和電腦晶片

「整合行銷」可以集中資源，
發揮綜效，殺出重圍！

如何改變人們對標準化旅遊行程感到的不滿和失望？

Airbnb 擁有超過 200 萬套住房，是全球最大的住宿供應商之一。到 2016 年，全球已經有超過 8,000 萬人在旅行時入住某人的家中。因此，Airbnb 如何能帶給旅遊愛好者更好的體驗？

於是，Airbnb 進行了一項網路調查，根據受訪者表示：他們對旅遊景點充滿擁擠人群感到厭煩，52% 的人覺得這樣的旅遊和報稅一樣令人感到很不舒服，48% 的人們覺得比看牙醫還累，只有 26% 的人認為上次的假期超出了他們的預期。

根據調查結果，Airbnb 決定推出一項新的行銷活動，活動名稱為：「住在那裡」（Live There），目的為改變人們千篇一律的旅行方式，不必和別人一樣到風景名勝區去人擠人，為大眾旅遊提供另一種選擇。

「住在那裡」活動的重點是：讓旅行者能夠住在當地的社區，像當地人一樣生活，體驗房東的熱情和好客，了解當地的專業知識，以及享受每個家庭的舒適。因為他們不想成為大排長龍的遊客，或只為看到和其他人一樣的東西與人爭擠；他們希望和社區建立更深層的聯繫，發展更獨特的人際關係。

為了達到這個目的，Airbnb 推出全新的手機 app，提供一個創新的匹配系統（Matching System），將旅行者的偏好納入考慮範圍，與家庭、社區和滿足他們需求的體驗相匹配，這項新的 app 在全球 23 個城市的 691 個社區使用。

此外，Airbnb 也推出由房東製作的旅遊指南，介紹關於他們所在社區的最佳景點，包括最好的餐廳和酒吧、觀光景點、人跡罕至的地方等，爲旅行者提供了解當地文化的參考。

「住在那裡」的全球宣傳活動於 4 月 19 日啟動，Airbnb 的宣傳活動包括了 15、30 和 60 秒廣告影片，以及數位、戶外和平面廣告，在美國、英國、法國、德國、韓國、中國和澳大利亞等國家推出。

Airbnb 的廣告影片說：「不要去巴黎，不要旅遊巴黎，不要參觀巴黎，而是要住在巴黎！........ 不管去到世界各地哪個地方，要住在那裡，即使只住一個晚上。」多麼有說服力的旁白！這個廣告在電視、YouTube、Facebook 上播放。

Airbnb 的這項宣傳活動非常成功，YouTube 點閱人數超過 534 萬，Facebook 的點閱人數接近 1,200 萬，Instagram 的圖片轉貼接近 1.7 萬則。

如何讓品牌在人們的心中一直維持新鮮感？

Google 透過每年推出的「年度搜尋」（Year in Search）活動，公布了當年最流行的搜尋趨勢和主題，成功的滿足了人們的好奇心，抓住了世人的目光。

以 2022 年爲例，Google 的「年度搜尋」內容爲：

- 最熱門的搜尋單字是 Wordle。Wordle 是紐約時報提供的網上單字遊戲，玩家有 6 次機會猜中 5 個字的英文詞彙。

- 最熱門的搜尋新聞是烏克蘭戰爭、英國女王逝世。
- 最熱門的搜尋人物是強尼戴普、威爾史密斯。
- 最熱門的搜尋電影是《奇幻魔法屋》、《雷神索爾：愛與雷霆》、《捍衛戰士：獨行俠》、《蝙蝠俠》、《媽的多重宇宙》。

　　Google 的「年度搜尋」活動推出時都會整合多重管道，包括網站、社群媒體和影片一起播出宣傳廣告，藉以吸引大眾的注意。

　　如何採取有效的策略，擺脫競爭者的跟隨？

　　從 1980 年開始，英特爾（Intel）公司所發展的電腦 CPU 晶片，陸續以 286、386、486 等編號來代表其功能的進展，結果競爭者也以同樣的編號來界定他們的晶片等級。

　　爲了保護其技術專利，英特爾向美國聯邦法院提起訴訟，希望能將編號變爲專利，禁止別人使用，但卻被聯邦法院駁回，因此到 1991 年，英特爾改變策略，開始爲其新開發的晶片命名，以奔騰（Pentium）、賽揚（Celeron）等名稱作爲商標登記，以防範仿冒。

　　爲了擴大市場占有率，英特爾在 1991 年開始推出了「Intel inside」（內含英特爾）爲宣傳主題的行銷策略。

　　「Intel inside」成爲有史以來最成功的工業產品行銷案例，它打響了英特爾的知名度，讓廣大的消費者不但認識電腦內部晶片的規格和性能，並建立英特爾品牌的信任度；同時也

帶動所有合作電腦廠商的業績，創造了驚人的銷售量。在短短的 10 年間，英特爾的市值值從 1991 年的 110 億美元，到 2001 年成長為 2,600 億元，高達 23 倍。

「Intel inside」宣傳策略成功的關鍵在於：英特爾公司徹底的發揮和執行了「整合行銷」的概念和作業。

首先，英特爾設計了一個簡單的標誌，用一個圈把「Intel inside」的字圈起來，成為統一對外辨識的圖案。

其次，英特爾和所有的電腦公司如戴爾（Dell）、IBM、捷威（Gateway）等合作，提供獎勵配套辦法，讓他們所銷售的電腦，不論在包裝或產品上均貼上印有「Intel inside」圖案的貼紙，便於消費者辨識。同時還輔助所有的銷售管道，如電腦專賣店、電器城、大賣場等，加強店頭的陳列布置和宣傳，讓消費者在購買現場留下深刻印象。

最後，英特爾又投下大量的廣告宣傳在電視、報紙、雜誌上，讓消費者認知「Intel inside」的圖案，可以指名購買；對外，還透過公關作業，讓消費者了解英特爾晶片的規格和功能，讓消費者對電腦產品有更深刻的理解。

這種以單一概念、單一訴求的方式，整合廣告、公關、促銷、商品包裝、店頭陳列和展示等各種傳播工具，來達到整體綜合效果的方式，正是「整合行銷」的精髓。

「整合行銷」可以集中資源，發揮綜效，讓品牌和企業在競爭中殺出重圍！

08

跑車包包、快時尚和漢堡

「聯名品牌行銷」可以擴大彼此的
消費群和市場規模！

2014 年，BMW 推出了 i8 頂級跑車，這部車被稱爲是「未來的動力效能車」。它是一輛油電混合動力車，採用最先進的輕質工程技術，由全碳纖維打造而成。從 0 加速到 100 公里只要 4.4 秒，每小時最高時速爲 250 公里。

爲了推廣這款跑車，BMW 決定和 LV 合作，由 LV 配合汽車的設計，製作了一款 4 件式套裝行李箱，適合汽車旅行時攜帶。BMW i8 油電混合動力車起價 15 萬美元，LV 4 件式套裝行李箱售價 2 萬美元，該項合作目標在吸引頂級的客戶群。

乍看之下，BMW 和 LV 的合作表面上似乎沒有關聯，但兩個品牌其實有很多共同點。兩者都被視爲高端的奢侈品牌，擁有無懈可擊的工藝和藝術風格，並且受到極度講究品味的客戶青睞。他們擁有相同的價值觀，因此這項合作也創造了一個獨特而成功的夥伴關係。

在宣傳上，兩家公司在數位媒體上同步發表 i8 跑車和特製的 LV 4 件式套裝行李箱，並且在兩家公司的門市一起展示跑車和行李箱。

這項合作獲得了空前的成功，LV 的官網瀏覽量超過 100 萬次，而 BMW 也有幾 10 萬次，BMW 和 LV 都創造了非常好的銷售成績。

1947 年在瑞典斯德哥爾摩創立的 H&M，是目前世界

三大快時尚服飾連鎖店之一，排名第二位，其他兩家分別是 Zara 和 UNIQLO。到 2021 年爲止，H&M 在全球 75 個地區擁有 4,702 家門市，營業額高達 230 億台幣。

H&M 非常擅長廣告宣傳，先後聘請知名歌手凱莉米洛、拉娜德芮、碧昂絲等人爲代言人，吸引了無數年輕時尚族群的喜愛。而且它非常重視環保和永續經營，也贏得社會大衆的認同和肯定。

和其他二家快時尚服飾連鎖店最大的不同，也是最大的特色是：H&M 每年都會與國際知名設計師品牌合作，推出新款系列服飾，讓時尚迷們爲之瘋狂。這些聯手的國際知名設計師品牌包括：

■ **Karl Lagerfeld**

2004 年推出時尚界老佛爺卡爾·拉格斐（Karl Lagerfeld）的限量服飾，造成粉絲大排長龍，一小時內全部賣光。

■ **Stella Nina McCartney**

2006 年推出英國時裝設計師史特拉·莉娜·麥卡尼（Stella Nina McCartney）的服飾，大受好評。她是前披頭四樂團成員保羅·麥卡尼之女，也是世界頂級時裝設計師中極度罕見的終生環保主義者。

■ **Sonia Rykiel**

2009 年推出法國時尚設計師桑麗卡·里基耶（Sonia Rykiel）的服飾，造成轟動。她因爲發明了羅紋緊身運動

衫，因此擁有「針織女王」的綽號。

- **Versace**

2011 年推出義大利時尚設計師凡賽斯（Versace）的限量服飾，也是被搶購一空。

- **Balmain**

2015 年推出法國時尚品牌寶曼（Balmain）的服飾，同樣大受歡迎。

除此之外，H&M 也和歌后瑪丹娜、英國超級名模「黑珍珠」娜歐蜜等人合作，推出名人設計服飾，都風靡一時。

H&M 在推出每個聯名品牌服飾之前，會通過名人代言活動和社群媒體廣告進行炒作，讓所有粉絲的目光都集中在活動上，確保在發布之前就產生了大量的口碑，因而每次的活動推出都超越預期的成功。

2019 年兩個競爭最激烈的速食業對手：漢堡王和麥當勞，居然展開聯名行銷活動，幾乎跌破所有人眼鏡。

合作的動機，是為了支持同一個慈善贊助活動。

這個慈善贊助活動由麥當勞發起，每購買一個大麥克漢堡，就向兒童癌症慈善機構捐贈 2 美元。自然，漢堡王義不容辭的加入，和麥當勞合作，舉辦了「沒有華堡的一天」活動（華堡是漢堡王的漢堡名稱）。

他們選擇特定的一天，漢堡王將華堡從他們的菜單中刪除，以鼓勵人們到麥當勞購買大麥克漢堡。透過宣傳，人們踴躍的支持，並對這兩個聯手的競爭品牌表示敬意。

其實現在已是一個競合時代，競爭者也可以是合作者。

「聯名品牌行銷」可以是同業合作，也可以是跨業合作，主要是聯合經營理念、品牌價值相同的品牌合作，可以擴大彼此的消費群和市場規模，讓合作雙方互蒙其利！

因此，「聯名品牌行銷」讓企業各自延伸自己的能力，走得更遠！

360 度的宇宙：
學習和創新

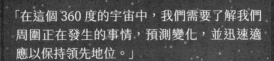

「在這個 360 度的宇宙中，我們需要了解我們
周圍正在發生的事情，預測變化，並迅速適
應以保持領先地位。」

—— Satya Nadella，Meta 首席執行長。

隨著環境的快速改變，人們對企業和品牌的期望也隨之改變。因此，行銷的努力必須長期和持續，而且行銷的作業也必須是全面的。

企業必須運用不同的工具，創造不同的內容，透過不同的媒體和不同的管道，接觸、聯絡和影響目標消費者。

在商品日益同質化的今天，所有的行銷努力都是在創造品牌的獨特性和差異化。品牌不再是企業告訴顧客它是什麼，而是顧客告訴別人它是什麼。因此，儘管你是對所有的人行銷，你的訴求還是要非常個人化：你必須用顧客的語言，對他講他心中的話。

企業和品牌必須做出承諾，而且要信守承諾；要有前瞻眼光，要堅持理想，要勇於承擔；要注重環保，要利己利他，要對社會和環境有所貢獻。

在 360 度的宇宙中，要趕上時代的潮流，最重要的就是透過學習，不斷的成長和創新，讓企業能夠永續發展和基業長青。

01

鬥雞、可樂和茶

Cornish Chicken

名字好比一把鉤子，
能夠把你的品牌勾到消費者心中！

1960 年中期，世界第二大肉品廠商泰森食品（Tyson Foods）爲了滿足餐廳和小家庭的需求，開始銷售 2 磅重的小雞雞肉，它比一般 4 ～ 5 磅重的雞肉平均體積小很多。

　　一開始，他們本來想把它命名爲「迷你雞」，但覺得沒有特色，後來改稱「康瓦爾鬥雞」，因爲牠是英格蘭康瓦爾雞和放山雞的混種，而鬥雞的雞肉感覺更好吃，結果改名後大賣。到目前爲止，泰森「康瓦爾鬥雞」的銷售占了全美市場的 2/3。

　　同樣的狀況發生在智利外海釣起來的「巴塔格尼亞齒魚」，最早無人問津，改名爲「智利海鱸魚」後開始暢銷，到香港被稱爲「桂花魚」後價格更翻倍。

　　日本的 Citizen 手錶最早被稱做「仙力時錶」，不覺名貴，後來改名爲「星辰錶」才顯得高雅。

　　美國的 Vitalis 護髮液原來被稱做「偉大力士」，被誤認爲是補品，後來改名爲「維特利斯」才顯出格調。如果稱爲「維他麗絲」可能更符合商品利益。

　　如果你只能選擇一種行銷工具，你需要有一個好名字。

　　Nike、Apple、Amazon、Google、Facebook（現改名 Meta）、Starbucks 等都是大家耳熟能詳的國外品牌。

　　在國內，早期的二黑（黑人、黑松）一白（白蘭）非常出名。黑人牙膏取自「黑人齒白」，黑松汽水代表「清涼長青」，

　　　　　　　　　　　　　　　行 銷 的 多 重 宇 宙

白蘭洗衣粉意味「潔白芬芳」。還有像味王代表「口味稱王」，味全代表「五味俱全」，喜年來代表「喜慶臨門」，旺旺代表「生意興隆」。

可口可樂的名字取自可樂倒進裝有冰塊的杯子裡發出的coca-cola、coca-cola 的聲音；百事可樂的名字則是打開瓶蓋發出 pepsi 的出氣聲，以及倒進杯子裡發出的 cola 聲。

可口可樂一度氣得告上法庭，說可樂是他們發明的專有名詞，應該禁止百事可樂抄襲，最終法院判決可樂是一般名詞，人人可用。為此，可口可樂決意改稱 Coke，便於指名，不被其他可樂混淆，而百事可樂也順勢簡稱為 Pepsi，互別苗頭。

第一個上市的品牌在命名上占有優勢，因為可以讓人先入為主、記憶深刻，優點是取什麼名字都可以，例如小美冰淇淋、老張擔擔麵、黃日香豆干。

如果你不是第一個上市的品牌，你就需要一個更好的名字。

1991 年開喜推出了烏龍茶，以開喜婆婆和「新新人類」的口號打開知名度，在台灣烏龍茶市場風靡了 10 年。2001年統一想要進軍這個市場，取名為「茶裏王」，後來果然在烏龍茶市場稱王。

犁記、佳德的鳳梨酥很出名，同樣是鳳梨酥，「微熱山丘」的名字就別樹一幟。

有個琅琅上口的簡稱，讓人更容易記住你。

美國的 Baskin-Robbins 冰淇淋連鎖店被暱稱為「31 冰淇淋」，因為它以隨時都提供 31 種冰淇淋口味而著稱。

COACH 皮包有「小 LV」的暱稱，年輕女孩買不起 LV 包包，買個 COACH 皮包一樣時髦。

SK-II 護膚精華露被暱稱為「神仙水」，讓保養功效感覺神奇。

雅詩蘭黛（Estée Lauder）的特潤修護精華露由於賣得太暢銷，被暱稱為「小棕瓶」。

在國外，許多品牌名稱是取自創辦人的名字，例如 Levi's（李維）、Disney（迪士尼）、Ford（福特）、Ralph Lauren（羅夫‧羅倫）、Christion Dior（克莉絲汀‧迪奧）等。

如果能夠取個好的中文名字，可以讓外國品牌大眾化，也讓顧客更容易記住。

Revlon 譯為「露華濃」、Chanel 譯為「香奈兒」、Maidenform 譯為「媚登峰」、Marie Claire 譯為「美麗佳人」、Kotex 譯為「靠得住」、Polaroid 譯為「拍立得」、Johnson & Johnson 譯為「嬌生」、VO5 譯為「美吾髮」、Pampers 譯為「幫寶適」。

傳神的譯名，讓品牌更出色！

行 銷 的 多 重 宇 宙

太長的外國品牌巧妙的用縮寫讓人記住。

Louis Vuitton 縮寫為「LV」、Yves Saint Laurent 縮寫為「YSL」，International Business Machines 縮寫為「IBM」、Minnesota Mining and Manufacturing Company 縮寫為「3M」、Hewlett-Packard 縮寫為「HP」。

如果主牌名稱不夠貼切，也可使用副牌名稱來詮釋。

電器廠商推廣洗衣機，三洋針對家庭主婦取名「媽媽樂」，聲寶針對新婚夫婦取名「愛情」，都很有意義。

食品廠商推廣牛肉麵泡麵，統一以菜餚豐富取名「滿漢全席」，味丹則以口感一流，取名「味味一品」，都有宮廷味。

一個品牌代表一個名稱，一個非常成功的品牌會成為該類商品的代名詞。

例如：麥當勞代表漢堡、Coke 代表可樂、星巴克代表咖啡。

寶鹼（P&G）公司非常了解個別品牌的魅力，因此即使是在同一個洗髮精的市場，也會採取多品牌策略。

例如：潘婷（Pantene）強調能夠改善頭髮強度和健康；海倫仙度絲（Head & Shoulders）強調專門治療頭皮屑；植物精萃（Herbal Essences）強調具有天然成分；海絲（Aussie）

強調為頭髮提供深層清潔、保濕和滋養；歐蕾（Olay）強調舒緩和滋養頭皮。每個品牌都有其獨特的賣點以針對不同的目標消費者。

　　給你的品牌取一個好名字，好名字容易上口，讓人容易記住！

　　名字好比一把鉤子，能夠把你的品牌勾到消費者心中！

02

褲襪、腿和蛋

在草原裡放一隻紫牛，
讓商品與眾不同！

60 年代迷你裙和阿哥哥舞的流行帶動了褲襪的風潮，剛開始褲襪在百貨公司銷售，但不久 600 多家的廠商相繼投入生產，廉價的褲襪就充斥在所有的雜貨店裡。

　　想要讓你的褲襪品牌在競爭激烈的市場中殺出重圍，該如何做呢？

　　1968 年，羅伯特‧艾伯森被美國高級褲襪的龍頭廠商哈尼斯（Hanes）任命爲新總裁，剛到任的他就面臨這個難題。艾伯森意識到，在市場競爭的變化和消費習性的改變之下，光是依賴傳統的百貨公司銷售已經行不通了！他把眼光轉移到超級市場上。

　　由於女性每週可能會多次購買食物和雜貨，但她也許只會每月去百貨公司一、兩次，因此，她最可能在方便的時候購買褲襪。

　　於是，艾伯森指示哈尼斯的品牌經理針對新的超市通路進行一項新產品的規劃。他們擔心百貨公司的採購會抗議，爲了保密，他們把專案小組放在北卡羅萊納州哈尼斯工廠的地下室，並將專案代號設定爲「V-1」。

　　他們將新產品的設計構想委託代理哈尼斯的廣告公司處理。訊息很明確：哈尼斯需要將它的產品帶入超市，而且還必須從生產褲襪的 600 多家其他廠商中脫穎而出。

　　這個任務交到了廣告公司設計總監費里特的手上。費里特知道，唯有徹底改變產品的包裝才能引起顧客的好奇和注

意，問題是如何設計才能突破呢？他想了很久都沒有答案，直到要和客戶見面的那天早上，突然靈機一動，想到了一個點子：「傳統的褲襪都是紙板包裝，平放在貨架上，如果讓它站起來會怎麼樣？」

由於銷售的地點是超市，他又想：「如果把褲襪裝進蛋殼裡呢？」因為雞蛋代表著新鮮和自然，而且美國人超愛雞蛋，每年復活節都會舉辦彩繪蛋殼活動。

同時，他也想到了一個名字：L'eggs。

L'eggs：Leg + egg，腿＋蛋，一個完美的名稱出現了。

這個構想瞬間就贏得了哈尼斯高層主管的青睞。於是，神奇的 L'eggs 褲襪就這樣誕生了！

新的 L'eggs 褲襪，將褲襪裝進塑膠蛋殼裡，包裝拆開後可以重複使用，容易收藏和保管褲襪。除了品牌和包裝的改變以外，廣告公司還為 L'eggs 褲襪的蛋型包裝設計了一座多層、旋轉式的專屬陳列架，放在超市的走道邊格外顯眼！

在銷售通路上，L'eggs 褲襪捨棄了經銷商，直接鋪貨到超市和藥妝店，還雇用銷售小姐到店頭做展示和說明。

新的 L'eggs 褲襪配合新的廣告影片宣傳，在 1971 年首次亮相，一推出就造成轟動。

消費者被新的蛋型包裝迷住了，有些人將它用作小花盆、飾品盒，還有節日的裝飾品或派對禮物。幾個月之內，L'eggs 褲襪就成為褲襪市場上最暢銷的品牌。

在 1972 年，L'eggs 褲襪的銷售額就達到了 1.2 億美元。到 1976 年，它占有整個褲襪市場的 27%，幾乎是最接近的競爭對手的 2 倍。

L'eggs 褲襪在行銷方面取得了巨大的成功，在重大節日例如復活節、婦女節、母親節、聖誕節的時候，它會推出不同顏色的蛋型包裝並進行促銷。此外，它甚至出版了一本裝飾蛋殼的書，提供數十種裝飾的創意，在發行的第一個月就賣出了 2.3 萬本。

「讓包裝站起來」的 L'eggs 褲襪創意，徹底改變了褲襪行業，讓它擺脫了雜貨店的低價競爭，也創造了銷售奇蹟。

當你在一片草原上看到滿滿都是黑白相間的乳牛時，突然看到一隻紫牛，你是否會大吃一驚，眼睛為之一亮？

這就是行銷大師賽斯・高汀提出的「紫牛理論」。

在草原裡放一隻紫牛，讓商品有明顯的差異化，讓商品與眾不同！讓顧客一眼看見，讓你的品牌在激烈的競爭中脫穎而出！

03

手機、球鞋和手錶

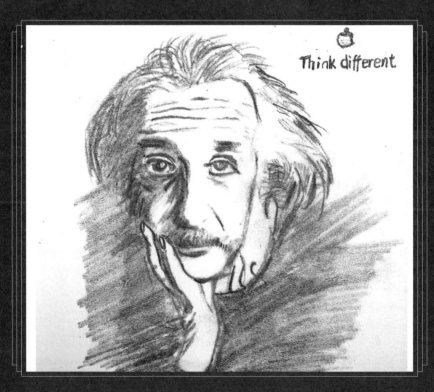

創造廣告金句，擦亮品牌名號！

1997 年賈伯斯重返蘋果公司，面對日益走下坡的蘋果公司，賈伯斯需要改變整個公司的策略，重塑整個企業文化。

　　因而他提出了一個新主張：「非同凡想」（Think Different），並推出了一支新的廣告影片。

　　這支廣告影片是「非同凡想」口號的最佳註解，在影片中可以看到歷史上的一些偉人，包括愛因斯坦、愛迪生、拳王阿里、聖雄甘地等人。影片的旁白說：

　　這些人是瘋狂的、不合群者、反叛者、麻煩製造者，就像圓嵌在方孔裡。

　　那些對事物看法不同的人，他們不喜歡規則，也不尊重現狀。你可以批評他們，不同意他們，醜化或侮辱他們，但你唯一無法做的就是忽略他們！

　　因為他們改變了一切！他們推動人類向前發展！儘管有些人可能將他們視為瘋狂的人，但我們卻看到了天才！因為那些瘋狂到認為自己可以改變世界的人就是這樣做的人！

　　「非同凡想」不僅是一句口號，它是賈伯斯的理念和信仰，他就是這個理念和信仰的實踐者，給公司帶來了全新的變革和創新，一手翻轉了蘋果的命運！

　　這支廣告影片播出後立即造成轟動，成爲歷史上最偉大公司轉變的關鍵。後來，iPhone 的推出，改寫了手機的歷史。

　　一句口號，改變了一家公司的命運，創造了科技的未

來，迎來新時代的開端！

1988 年 Nike 推出了一支名叫「華特・史塔克」(Walt Stack) 的廣告影片，非常簡單，可是令人印象深刻。

這支廣告影片拍攝華特・史塔克，一位 80 歲的老人，也是一位馬拉松跑者，在冬天光著上身慢跑過舊金山著名的金門大橋時，談論他每天跑 17 英里，從漁人碼頭經過金門大橋到索薩利托市來回，並開玩笑說他在冬天都把假牙放在儲物櫃中以防止牙齒抖個不停。

影片最後帶出了今天大家耳熟能詳的廣告詞：「Just do it」。

Nike 的這句口號「Just do it」沿用至今，也為 Nike 開啟了一個最重要的新里程碑。

透過這句口號，Nike 對世人傳達了一個核心訊息：「它是獻給所有立刻採取行動的人，不分年齡、性別、種族和階級。」同時，Nike 配合這句口號找了許多著名運動員代言，包括籃球明星喬丹和柯比、足球明星博傑克遜和西羅、網球明星費德勒和納達爾等人。因而使得 Nike 的形象大幅提升，成為成功的領導品牌。

一句口號，創造了一個偉大的品牌，改變人們的認知，激發了人們奮發向上的精神！

90 年代，一支廣告影片風靡了香港，也傳到了台灣。

這支影片由周潤發與吳倩蓮聯手演出，影片描述一個新婚空軍飛官和妻子生離死別的故事：

影片一開始，是空軍飛官和妻子的新婚典禮，充滿了幸福洋溢的氣氛；接著是婚後二人騎腳踏車出遊，甜蜜快樂的時光。隨後畫面一轉，飛官被徵召赴前線打仗。在駛往機場的路上，飛官掏出一支鐵達時（Titus）手錶，背後刻有「天長地久」四個字送給妻子。

最後妻子隔著機場的鐵柵欄眼睜睜的看著飛官登上戰機，不知丈夫此去何時歸來，生死難料！這時，一句旁白響起：「不在乎天長地久，只在乎曾經擁有！」雖然故事沒有結局，卻留下無限的遐想。

這支影片，尤其是這句口號：「不在乎天長地久，只在乎曾經擁有！」時至今日仍然被無數人津津樂道，而鐵達時錶也因為這支廣告翻身。

鐵達時錶雖然是瑞士的一款名錶，但是在當時並不知名，後來在 1976 年時被香港寶光集團收購。寶光集團於是委託鍾楚紅的丈夫，在當時被譽為廣告才子的朱家鼎創作了這支膾炙人口的廣告。鐵達時錶因這支廣告而名氣上升，成為家喻戶曉的名錶，銷量大增。

據說這支感人的廣告影片，它的故事並非虛構，而是根據對日抗戰的一個真實故事改編。故事中的飛行軍官是 1939

年蘭州空戰中為國捐軀的劉洪福烈士，而他年僅 20 歲的太太陳影帆小姐在聞耗後為夫殉情而死，令人不勝唏噓。

一句口號，改變了一支手錶的命運，道盡了兒女情長以及愛情的悲痛和偉大。

創造廣告金句，擦亮品牌名號！

透過口號傳達品牌的精神，讓人們琅琅上口！

Ⓞ4

貓、小女孩和零錢包

卡通人物擬人化，讓粉絲為之瘋迷！

「Hello Kitty 不是貓！不是玩偶！」

2014 年，夏威夷大學的人類學家、哈佛大學的客座教授克莉絲汀·矢野（Christine R. Yano）語發驚人，這是她多年來一直在研究 Hello Kitty 現象所得到的結論。

她說：「雖然 Hello Kitty 看起來像一隻貓，但實際上她是一個小女孩，因為她從來就沒有被描繪成四肢著地。她是一個永久的三年級學生，她的實際全名是 Kitty White！她有一個完整的背景故事：她是天蠍座，喜歡蘋果派。她和她的雙胞胎妹妹咪咪以及她的父母喬治和瑪麗住在倫敦。一個有趣的事實是，Hello Kitty 實際上擁有自己的寵物貓，名叫 Charmmy Kitty。」

矢野進一步指出：「它雖然是在日本創造的，但被設計成英國人，因為 Hello Kitty 出現在 1970 年代，當時日本人非常迷戀英國，認為英國代表傳統的歐洲文化，英國貴族小學生的形象代表了典型具有教養的理想化兒童。」

雖然這種說法引起一些爭議，但不可否認的是，它引起人們對 Hello Kitty 的更大好奇。

Hello Kitty 應該是有史以來最成功的卡通人物。Hello Kitty 幾乎無所不在，它出現在無數的產品上，包括各種文具、服裝、配飾和玩具，甚至保齡球、行李廂、烤麵包機、機油、紙巾和男士內衣等。它擁有超過 5 萬種不同的商品，

銷售到 130 多個國家，2021 年的營業額高達 181 億日圓。

Hello Kitty 由日本三麗鷗（Sanrio）公司所擁有，三麗鷗由辻愼太郎於 1962 年創立。

辻愼太郎推出的第一項商品是印有花朵的橡膠涼鞋，他注意到只要設計得越可愛就越受歡迎，因此他決定聘請漫畫家爲他的商品設計可愛的角色。其中一位漫畫家就是設計 Hello Kitty 的清水裕子，她設計的第一個 Hello Kitty 商品是在 1974 年推出的零錢包。零錢包上有 Hello Kitty、一罐牛奶和一盆魚缸的插畫。

清水裕子將 Hello Kitty 描繪成一隻戴著紅色蝴蝶結的擬人化白貓。它最大的特色就是沒有嘴巴，三麗鷗的解釋是因爲 Hello Kitty 不需要語言，而是發自內心的感受，他們希望 Hello Kitty 能夠跨越語言的障礙，成爲世界大使，獲得全世界的友誼。

最早，Hello Kitty 是賣給青春期前的小女孩，但從 1990 年代開始，青少年和成年人也瘋狂愛上它。該品牌在 1976 年就進入美國，受到當地亞裔人士的喜愛，並在全球流行起來。因此，雖然 1990 年代後在日本的市場銷售開始走下坡，但在國際市場上卻繼續增長。

Hello Kitty 透過特許經營授權，創造驚人的收入。除了授權商品以外，也授權製作漫畫、書籍、兒童電視劇、動漫

電影、電動遊戲、音樂專輯和其他媒體作品。而它的魅力不止於此，它的發展是多元性的，它同時還擁有：

- **主題樂園**

  位於日本大分縣日出町的九州三麗鷗樂園(Harmonyland)，和日本東京多摩新城的三麗鷗彩虹樂園(Puroland)。2025年準備在中國海南省三亞市的海棠灣推出新的主題樂園。

- **旅館**

  除了在日本以外，在中國、韓國、馬來西亞、美國、俄國、義大利、台灣等地都有 Hello Kitty 旅館。

- **咖啡館**

  在韓國首爾、泰國曼谷、澳洲阿德萊德、美國加州都有 Hello Kitty 咖啡館。

- **飛機**

  長榮航空公司和三麗鷗公司合作，自 2005 年 10 月 20 日開始，推出首架以 Hello Kitty 家族為主題的彩繪客機，並命名為 Kitty Jet。

- **珠寶**

  2015 年，美國模特兒和設計師西蒙斯推出 Hello Kitty 聯名珠寶。

  Hello Kitty 不但擁有無數的粉絲，還受到許多名人的追捧，包括 Lady Gaga、瑪麗亞凱莉、凱蒂佩芮、芭黎絲希爾

頓、潔西卡艾芭等。

Hello Kitty 的傳奇還包括了：歌手艾薇兒爲它做歌，藝術家湯姆薩克斯爲它做雕塑作品，聯合國兒童基金會任命它爲兒童大使，日本政府任命它爲旅遊大使。

Hello Kitty 最成功的是把卡通人物擬人化，並且透過廣泛和不同品牌的合作，推出各種產品、宣傳和促銷活動，讓粉絲爲之瘋迷！

總結而言，它不但成爲人們生活上的伴侶、情感上的密友，而且代表一種可愛的文化力量！

05

紙尿褲和豆腐

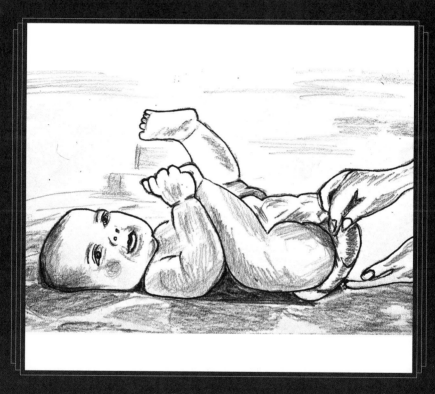

敲對鑼、打對鼓！
如何賣比賣什麼更重要！

1961年幫寶適紙尿片發明出來的時候，被認爲是劃時代的消費商品，因爲它乾淨舒適、非常好用，帶給家庭主婦省時方便的利益。

　　寶鹼公司認爲這個商品會大賣，因此投下了大量的廣告，針對家庭主婦宣傳省時方便的特點。但是經過半年以後，銷售完全沒有起色，寶鹼公司覺得很奇怪，就委託市調公司做了一個消費者調查。

　　調查發現，媽媽看了廣告以後很興奮，就去買了幫寶適回家使用，但是買了一次以後，就不再買了。爲什麼呢？

　　原因是和傳統的尿布相比，用之即棄的紙尿片實在太貴了！而且更大的問題是：這些家庭主婦被先生或婆婆認爲浪費而不夠勤快！尿布一髒就洗，不是省錢多了嗎！

　　找到原因以後，寶鹼公司改變了廣告訴求。

　　幫寶適說：「寶寶的屁股如此幼嫩，洗不乾淨的尿布會讓寶寶得到濕疹。幫寶適吸收力強，讓寶寶的屁股永遠保持乾爽潔淨。」於是幫寶適這才開始大賣。滿腹委屈的媽媽現在終於可以一洗「浪費懶惰」的汙名，理直氣壯的買幫寶適了——不是爲了自己的省時方便，而是爲了寶寶幼嫩的屁股。

　　好的行銷給顧客一個好的購買理由或藉口，促使顧客採取行動。

　　在盒裝豆腐的市場上，中華豆腐是先發品牌，首先成功

　　　　　　　　　　　　　　　　　　　　　行銷的多重宇宙

的打進超級市場，後來普及到一般通路，逐漸取代傳統的板豆腐。

為了區隔和傳統板豆腐的差別，中華豆腐的初期廣告強調它細嫩好吃、營養衛生，教育顧客盒裝豆腐的特點和好處。但是不久之後，市場上就出現了競爭品牌大漢豆腐。

大漢豆腐和中華豆腐包裝一模一樣，品質也無法分辨，而且大漢豆腐更便宜。

後發品牌價格低於領導品牌是必然的，因為如果同樣價格，顧客當然會選擇中華豆腐。問題來了！在包裝、品質相同，價格更便宜的狀況下，那家庭主婦為何要買中華豆腐呢？

這是在商品日益同質化的時代，每個品牌都會面臨的相同挑戰。

當時負責中華豆腐廣告業務的我，在公司內部開了一個動腦會議，最後我們提出了「慈母心、豆腐心」的廣告口號和廣告活動構想，獲得了客戶的認同。

我們找來影后吳靜嫻拍了一支「車站篇」的廣告影片，影片內容如下：

阿兵哥放假回家，母親為他準備了豐盛的晚餐。到晚上，母親還為兒子整理回營的行李，幫他把衣服一件一件摺好，又偷偷塞錢在阿兵哥衣服的口袋裡。

第二天早上，兒子到火車站搭車回營，母親又提著一籃橘子匆匆趕赴車站要給兒子，但是在上月台階梯的時候，被

旅客碰撞，橘子掉了樓梯一地。

母親彎腰撿起階梯上的橘子，趕到車站時一列火車正好開走。

在失望之餘，突然對面傳來一聲喊媽的聲音。最後「慈母心、豆腐心」的字幕和旁白出現。

短短 30 秒，讓人感受到慈母的用心與愛心。母親俯身撿拾橘子的一幕，讓人想起了朱自清的散文〈背影〉般的感人。

影片推出後，獲得了巨大的迴響，得到了大眾的認同，使得中華豆腐的銷售大幅提升，擴大了和競爭者大漢豆腐的差距，也鞏固了市場的領導地位。同時，「車站篇」的廣告也獲得當年金鐘獎最佳廣告影片。

「慈母心、豆腐心」的廣告，讓購買中華豆腐的家庭主婦感到她是一位慈母，在內心裡覺得驕傲！

歌頌你的顧客，讓她（他）感覺光榮，讓她（他）潛意識裡認為自己的決定是對的。

儘管你的商品有很多特點，但如何宣傳打動顧客的心更重要！

敲對鑼、打對鼓！如何賣比賣什麼更重要！

06

牛仔和香菸

創造消費者渴望成為的一種
人格特質、精神典範！

世界上最暢銷的男性香菸原來是賣給女人的！

菲利普莫里斯（Philip Morris，現改名為 Altria）公司最初於 1924 年推出萬寶路（Marlboro）品牌作為女性香菸。

萬寶路香菸最早的口號是「像五月一樣溫和」，早期的廣告大概是：一群濃妝豔抹、衣著華麗的輕佻女子，悠閒的斜躺在小酒館的沙發裡，旁邊餐桌的菸灰缸上還留有未抽完的萬寶路香菸；或是一個性感的、畫家吉布森筆下典型的美國女孩側臉，她的深色口紅在吸菸後仍然完好無損。

直到 50 年代，該品牌才經歷了「性別轉變」。

在當時，香菸行業專注於推廣帶有濾嘴的香菸，以應付有關吸菸有害健康的報導。因此，萬寶路和其他品牌都開始銷售濾嘴香菸。

當時的濾嘴香菸廣告主要強調濾嘴背後的過濾技術，能夠降低尼古丁的含量，希望減輕人們對吸菸有害的擔憂；但是，負責萬寶路香菸廣告業務的李奧貝納廣告公司卻發現，越強調濾嘴的功效，越容易引起人們對吸菸有害的注意，認為應該改變廣告訴求的方式。

如果針對大男人訴求呢？他們上山下海、為生活拚鬥，不在乎吸菸對身體是否有害，所以他們決定將萬寶路重新定位為男士香菸。

可是根據當時的市場調查，男性表示，雖然他們會考慮改用濾嘴香菸，但他們擔心被人看到在抽賣給女性的香菸會

很沒有面子。那麼，如果改為粗獷的男人為特色來作為宣傳重點呢？應該可以消除這個疑慮。

於是，1954 年李奧貝納廣告公司開始構思「萬寶路男人」（Marlboro Man）的角色，最早他們嘗試了船長、舉重選手、戰地記者、建築工人等，但是都沒有特別出色。

最後，他們挑中了牛仔，靈感來自於有一期的《生活》雜誌，介紹了德州牛仔小克拉倫斯的故事，引起了他們的注意，因此他們嘗試以牛仔來詮釋「萬寶路男人」。

事實證明，牛仔很受歡迎，一年之內，萬寶路香菸在 1955 年銷售額達到 50 億美元，比 1954 年增長了 30 倍；萬寶路的市占率從不到 1% 上升到成為第四大暢銷品牌，這讓李奧貝納廣告公司放棄了其他男子氣概的形象，專心堅持以牛仔為廣告重心。

最早廣告中的牛仔角色，並非真正的牛仔，而是由認識的人，如海軍中尉、廣告公司的藝術總監、客戶的行銷主管或電影及百老匯的演員來擔任。李奧貝納廣告公司對這些人選並不滿意，認為這些廣告缺乏真實性，因為很明顯，拍攝對象不是真正的牛仔，也沒有理想的粗獷外觀。

直到 1968 年，李奧貝納的創意總監德瑞博在懷俄明州大草原上，找到了溫菲爾德，一個真正的牛仔。

德瑞博第一次見到溫菲爾德時就印象非常深刻，他說：「我見過牛仔，但我從未見過真正像他這樣的牛仔。他把我嚇

壞了！」因為他是真正粗獷、獨立自主形象的理想典範。

溫菲爾德作為牛仔的直接真實性，使他連續 20 年作為「萬寶路男人」，一直持續到 1989 年。據報導，在溫菲爾德退休後，菲利普莫里斯公司甚至還花了 3 億美元尋找新的「萬寶路男人」。

「萬寶路男人」的廣告影片，最典型的是：

一個牛仔騎在馬背上踽踽獨行，他披著毛氈披肩，穿過白雪皚皚的草原，衝向那個燒著柴火的棚屋，結束時，小提琴拉出充滿溫暖昂揚的曲調，最後萬寶路的品牌出現。

平面廣告的特色是：

一群面無表情的牧馬人圍坐在篝火旁抽菸；或者是一個騎在馬上的獨行牛仔，在紅色岩石沙漠或某個美國西部高原上，頂著刺骨的寒風，抽著他的菸。

「萬寶路男人」的廣告系列對銷售產生了非常顯著和直接的影響。自 1972 年以來，萬寶路香菸一直是全世界最暢銷的香菸品牌，到 2021 年萬寶路香菸的銷售額是 570 億美元。

而「萬寶路男人」的廣告，自然也成為有史以來最精彩的廣告之一。

有趣的是，不只男人愛抽，女人也愛！根據統計，萬寶路香菸是女性購買最多的香菸品牌，它的銷售幾乎是女性香菸領導品牌「維吉尼亞苗條」（Virginia Slims）的 10 倍。

它的女性顧客包括：有主見的家庭主婦、追求時尚的女

子、性格剛毅的女人、單身獨立的職業婦女等。

由此可見，「萬寶路男人」的廣告創造的並非只是男子氣概！它創造的是消費者渴望成為的一種人格特質、一種精神典範：「獨立自主、追求自由」，這才使其可以跨越性別，男女都愛！

07

欺騙、謊言和真相

傳達企業理念，贏得消費者的認同！

老是替人宣傳的新聞媒體，有時也該替自己宣傳一下！

2017 年是美國政治動盪的一年，《紐約時報》因此推出「真相很難找到」的廣告，敦促讀者重視和支持新聞業揭露真相。

《紐約時報》成立於 1851 年，是一家總部設在紐約市的美國報紙，擁有全球影響力和讀者群，並且贏得了 125 個普立茲新聞獎，比任何其他報紙都多。《紐約時報》在全球排名第 17 位，在美國排名第 2 位，和《華爾街日報》的保守派旗艦報紙地位相對應，《紐約時報》是美國親自由派的第一大報。

《紐約時報》在 2017 年 2 月 26 日的奧斯卡頒獎典禮期間首次推出了「真相很難找到」第一階段廣告。

廣告直接點明政府掩飾和修改文件，各政黨和充滿意識形態的政策越來越缺乏透明度，因此強調「現在比以前更需要真相」。

《紐約時報》接著在 4 月 21 日推出了第二階段的系列廣告，拍攝了兩支影片，讓世人了解每天在報紙上和網路上看到的一些引人注目的圖像背後拍攝的過程。

從兩支影片故事背後的攝影旅程中，觀眾看到攝影記者泰勒‧希克斯和布萊恩‧丹頓報導來自希臘和伊拉克的難民危機，這系列廣告影片突出了攝影記者在世界上最危險的角落工作時所面臨的風險。

「真相很難找到」的廣告在 YouTube、Facebook 和 Twitter 上獲得了 2 千萬次的觀看，並且在該廣告推出後短短 24 小時內，《紐約時報》的用戶群增加了 1 倍。「真相很難找到」的廣告在 2018 年 6 月讓《紐約時報》贏得了全球新聞媒體協會頒發的「全球新聞媒體獎」，以表彰其揭發真相新聞的努力和貢獻。

2018 年 3 月，《紐約時報》為了支持國際婦女節，又推出「為真理發聲」的廣告，主張「彰顯女性權利」，針對女性在職場受性騷擾的事件提出聲援。

我們正處在一個欺騙、謊言、假新聞充斥的時代，連媒體本身都失去了追求真相和獨立報導的立場，因此《紐約時報》的廣告格外發人深省。

《紐約時報》接著在 2019 年又推出「真相是值得的」宣傳活動，該活動獲得了該年坎城創意金獅獎最大獎。宣傳內容包括了以下系列廣告：

一、 解析篇

《紐約時報》的一名女記者，針對緬甸官方否認對羅興亞人進行種族清洗屠殺的事件深入追蹤，詢問當地軍方、百姓和小孩，得出事實發現確實有放火、人員失蹤的現象。

二、毅力篇

《紐約時報》記者鍥而不捨的深入追蹤發現，在美墨邊界

行　銷　的　多　重　宇　宙

有高達 700 多個兒童被迫離開偷渡家庭的父母。政府最初一再否認，但最後還是承認。

三、無畏篇

《紐約時報》的記者 5 次前往伊拉克，發掘了超過 1.5 萬份文件，詳細揭發了 ISIS 伊斯蘭國的官僚和殘酷統治。

四、勇氣篇

《紐約時報》的一名記者透露，墨西哥政府使用間諜軟體置入手機或郵件中，對政府批評者和記者及其家庭進行了間諜監視活動。

五、目擊篇

《紐約時報》記者花了 7 天的時間坐船至加勒比海的加拉帕戈斯群島，了解氣候暖化對整個海洋生態的影響，發現海獅死亡、魚群和鳥類消失、海洋生物絕種，嚴重威脅全球的生態環境。

六、嚴謹篇

在《紐約時報》為期 18 個月的調查中，調閱了 10 萬件文件，包括基金、報稅資料等，發現川普總統在 1995 年有一筆 4 億美元的收入，是從他父親那兒得到，但川普卻聲稱是自己賺來的。

七、負責篇

當火車出軌、時間延誤、乘客受困等破壞了紐約市的地

鐵系統時，《紐約時報》的一組記者開始了長達 1 年的努力，比較了倫敦、巴黎、香港的地鐵系統，收集資料並採訪了主管單位、官員、工人、乘客等，發現紐約市地鐵系統的崩潰來自於政治和錯誤的決策。

企業可以透過傳達企業理念，來贏得消費者的認同！

在這個真相被扭曲甚至被遺忘的時代，《紐約時報》敢跳出來說真話，雖然是老王賣瓜，但勇氣可嘉！

08

橄欖球員和網球女將

堅持信念、履行承諾，
才能化品牌為傳奇！

自從 1988 年 Nike 推出「Just Do It」的廣告詞，到 2018 年已經整整 30 週年了，「Just Do It」也成為人們耳熟能詳的口號，它不但代表 Nike 的精神，也是激勵人心的一句話。而以運動明星為代言人，配合「Just Do It」的廣告詞做成的廣告也已經成為經典。

在 2018 年 30 週年這個重要的里程碑，Nike 再次推出新的廣告活動，這個新的廣告活動：大膽、聳動、簡單、有效，不單在體育界，甚至對美國社會造成了巨大的衝擊。

這是因為，它採用了一位非常有爭議的非裔運動員科林・卡佩尼克（Colin Kaepernic）作為廣告代言人，提出了一個非常有力的主張：「堅信某事，即使它意味著犧牲一切！」

Nike 廣告代言人卡佩尼克，過去曾是美國國家橄欖球聯盟的知名球星，自 2011 年球季起，就一直是舊金山 49 人隊的四分衛。

可是在 2016 年賽季，卡佩尼克捲入「國歌風波」，引發巨大的社會爭議，結果遭到職業橄欖球界「放逐」將近兩年，沒有任何一個球團敢要他。當時美國正因一連串的「警察濫殺非裔有色人種」的社會事件而陷入沸騰。

一方面，政壇因為「執法過當」的問題陷入爭論；另一方面，全美各地掀起種族平權抗爭。因此，卡佩尼克決定從 2016 年 9 月的季前熱身賽開始，拒絕在比賽中為美國國歌起立唱歌與敬禮，為的是對法律不公的抗議，和讓世人重視黑

人的權益。

　　卡佩尼克表示，他寧可在國歌演奏時雙手交叉、單膝下跪，因為這是自己的「良心選擇」，此舉雖然引發了許多聯盟球員的支持與跟進；但包括 49 人隊球迷、警察公會、贊助商與電視觀眾，卻極度無法接受卡佩尼克公開羞辱星條旗與國歌的「不愛國表態」。

　　在眾多的運動明星可以選擇下，Nike 卻選擇了這麼有爭議的人物作為代言人，甚至使用對保守派而言極為「挑釁」的宣傳語句，因此這個新的廣告一推出，瞬間引爆了美國網友的言論內戰。

　　自 9 月 3 日廣告宣傳活動公布後，社群網路上陸續聚集了大量焚燒 Nike 球鞋、剪 Nike 球衣的網友影片以及各種「抵制不愛國企業」的譴責聲浪，包括美國總統川普都發言譴責「Nike 教壞小孩，傳達錯誤的價值訊息」；但另一方面，網路上也有不少讚譽聲傳出。

　　根據 Apex 美國市場顧問集團估計，Nike 新的廣告推出後，24 小時內網路的討論聲量，就已免費為 Nike 的行銷活動帶來價值 4,300 萬美元的曝光量；而在同時間抵制所造成的銷售下降最多只有 1,100 萬美元，而且網路上討論的熱度，很快地就從「# 抵制 Nike」變成「# 嘲笑抵制 Nike」，後續的品牌效益更為明顯。

　　「深度聚焦」策略顧問公司的執行長艾恩・沙佛指出：

「除了是運動商品之外，今天的 Nike 更是『流行巨頭』的代表，他們不再只是銷售球鞋，而是銷售『引領時尚』的商品。因此，作爲傳統體育品牌，Nike 當然可以兩面討好，繼續固守『體育歸體育，政治歸政治』的明確界線；但作爲全球『潮牌』的領導者，Nike 則需要展現出更強的英雄叛逆氣概，卽使那會造成爭議，這樣才能擴張它在引領消費時尚中的主導地位。」

在另一項的調查也顯示，Nike 推出的這項新的廣告活動贏得多數年輕人的認同，因此可以說它確實達到預期的宣傳效果。

2019 年 Nike 又在奧斯卡頒獎典禮上播放它最新拍攝的「夢想狂人」的廣告影片，持續提出他們堅持的信念。

該影片由美國網球女將小威廉斯（Serena Williams）擔任旁白，談到了女運動員經常得忍受人們的不屑感，她們的行爲被稱爲「瘋狂、妄想、歇斯底里和非理性」等，廣告影片最後的結論是：「如果他們想稱妳爲瘋子，那就好！向他們展示瘋子可以做什麼！」

這是 Nike 以擁護女權運動爲宗旨所推出的主張，再次贏得大眾的認同。

自 2 月播出以後，一個月內該影片就吸引了數百萬的觀看和參與。在 Twitter 上擁有 3,160 萬的總觀看次數和 65

萬的分享，在 10 大瀏覽量最高的影片中占據了 4 席；在 Instagram 上成爲排名第 7 最受歡迎的廣告，總觀看次數爲 740 萬；在 Facebook 上排名第 1，擁有 2,150 萬的觀看次數。

除了電視和社群媒體的傳播以外，小威廉斯也在她自己的 Instagram 上發布訊息，因此吸引了小威粉絲更多的關注。此外還獲得《Now This》和《艾倫秀》等節目的免費宣傳，因此成功的造成病毒傳播。

品牌不是一日造就，品牌也不是一個口號造就！品牌必須說到做到，堅持信念、履行承諾，才能化品牌爲傳奇！

09

鋪路、法律援助和黑色超市

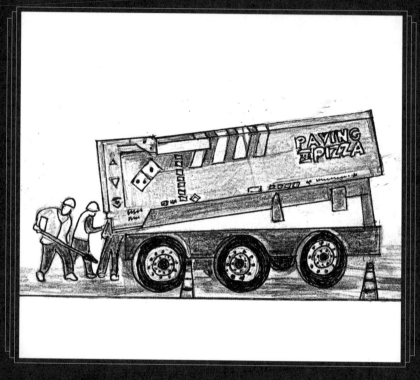

以行銷結合公益，對企業、
對社會都是雙贏！

行 銷 的 多 重 宇 宙

達美樂是一家以外送披薩爲主的品牌，他們發現，由於道路上的顛簸和坑窪導致在外送披薩時非常不順利，因此他們在 2018 年 6 月 11 日至 8 月 28 日推出了「爲披薩鋪路」的活動。

整個活動的構想是由達美樂提供鋪路補助金，首先他們設立一個「爲披薩鋪路」的網站，讓人們可以提出他們鎮上的坑窪狀況，申請從達美樂獲得鋪路補助金。接著，在 6 月 11 日達美樂發布了新聞稿，宣布這項活動的內容，並在社群媒體上播出宣傳短片和提供了活動網站的連結。

結果，活動推出的第一週，在社群媒體上就獲得了 3.5 萬次點閱，而且該活動在社群媒體上引發了很多關於坑窪和道路維修的病毒式討論，還引起了全國電視和報紙媒體的關注，包括《今日美國》、《NBC 今日秀》、《詹姆斯‧高登的深夜晚間秀》、《彭博社》和《華盛頓郵報》的報導。

達美樂「爲披薩鋪路」活動在全美 50 州獲得超過 13.7 萬個申請案。該活動的第一階段有 20 多個城市獲得了鋪路補助金。

由於活動非常成功，到 8 月底，達美樂決定啟動活動的第二階段，目標是到 2018 年底，所有 50 州至少完成一個鋪路補助。

「爲披薩鋪路」宣傳活動不但利己而且利他，讓消費者留下深刻印象和好感，並獲得免費的報導，提升品牌的信譽。

美國小孩常常在週末、假日或暑假期間在自家門口、路邊或超市旁擺攤販賣檸檬水，有的是慈善募款，有的是賺零用錢，父母和老師通常都會鼓勵這種行為，因為讓孩子從小就養成自食其力的習慣，可以培養創業家精神。

但是某些州政府卻小題大作，以不符合衛生標準、沒有營業執照的理由禁止兒童擺攤販賣檸檬水。

美國大食品廠商卡夫（Kraft）旗下販賣檸檬水飲料的「鄉村時光」（Country Time）公司發現機不可失，跳出來為兒童打抱不平，推出「法律援助」活動。

「法律援助」活動的方式是：「贊助想要擺攤販賣檸檬水的兒童全額罰款補助金」。他們透過影片把這項「法律援助」活動大肆宣傳，不但引起兒童、家長和老師的支持，而且迫使州政府取消禁令。

「法律援助」活動成為一個成功結合時事和商品特點所做的行銷活動。

法國量販連鎖店家樂福在 2018 年 9 月 19 日，冒著被歐盟巨額罰款的風險，與法國國家食品論壇共同舉辦名為「非法宴會」的發表會，並且在 9 月 20 日推出「黑色超市」活動。

該活動在法國所有的家樂福商店舉辦，在冒著「黑市」的名義下銷售 600 種非法穀物、水果和蔬菜。

「黑色超市」活動是針對歐洲官方「授權銷售品種目錄」

行 銷 的 多 重 宇 宙

的抗議，因為該目錄規定了哪些種子有資格出售和種植。「授權銷售品種目錄」最初是出於保障歐盟每個人的食品安全而制定的，但是漸漸的，在以販賣基改產品為主的孟山都（Monsanto）公司的遊說下變質，他們改變了目錄規則，只有雜交種子才有資格販售。

1981 年，他們通過了一項法律，禁止出售任何不符合目錄的東西。結果在歐洲，甚至幾乎全世界都是如此，人們只能獲得現有農民種植的穀物、蔬菜和水果的 3% 種子，其他 97% 的種子都是非法的。

因此，家樂福推出的「黑色超市」活動不但透過店頭廣告、印刷品、海報和電視宣傳，以突顯歐盟官方「授權銷售品種目錄」的荒謬性，並且在 Change.org 網站上邀請人們簽署請願書以修改法律，結果獲得超過 8.5 萬個簽名連署。

此外，家樂福與非法生產者簽訂了為期 5 年的供應合約，並邀請意見領袖見證這一行為。

家樂福的「黑色超市」活動不但獲得人們的支持，而且獲得超過 3 億的媒體印象，其中 69% 是在網路上推動人們參與請願。同時店內流量增長了 15%，產品的銷售成長 10%，對家樂福的品牌好感度上升了 8%，從 65% 提升至 73%。

更重要的是 2019 年 4 月 19 日，歐洲議會批准了一項新的有機農業法規，重新授權銷售農民種植的穀物、蔬菜和水果種子。

企業透過行銷活動，結合社會和輿論的力量，確實可以改變政府的決策。

　　從為地方鋪路、為孩子請命、為人們謀福利，企業勇敢的站出來，以行銷結合公益，對企業、對社會都是雙贏！

10

塑膠瓶、漁網和火星番茄

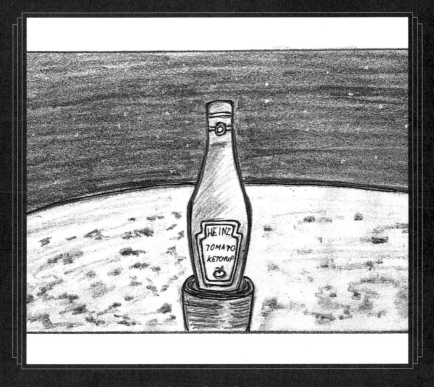

從環境保護到永續發展，
行銷要放眼未來！

2017 年可口可樂在世界各地推出「一個沒有垃圾的世界」行銷活動，鼓勵消費者一起參與和推行環保運動。

可口可樂公司承諾到 2030 年將回收全球相當於 100% 的塑膠瓶，並在 2025 年開始生產 100% 可再生材料的包裝。為了實現這一雄心勃勃的目標，它將在 200 多個國家投資和設立回收站。

2019 年可口可樂更進一步推出「回收循環」廣告宣傳，透過印刷品和戶外廣告看板，鼓勵人們回收塑膠瓶，以減少對環境的影響。他們也停止半打飲料包裝使用塑膠收縮膜，改用紙盒包裝，並將雪碧（Sprite）的瓶子從綠色改為白色，讓它更無汙染，而旗下的「冰雪」（Glaceau）礦泉水的瓶子，還率先使用 100% 可再生材料。

此外，他們把贊助的英國「倫敦眼」摩天輪變成綠色，以引起人們的注意。

可口可樂每年要銷售超過一兆個以上的瓶子，如果沒有透過回收，這些被拋棄的塑膠瓶對環境的衝擊將無比巨大！

2022 年總部位於荷蘭的海洋保護組織「海洋守護者」（Sea Shepherd）推出了「2050 年的漁獲」宣傳活動。

該宣傳活動首先在阿姆斯特丹市中心的斯皮廣場擺設海產攤，在攤上陳列裝在冰上的鯡魚、鯖魚和蝦；但這些魚蝦不會腐爛，因為它們是荷蘭設計專業的學生，花了 4 個月的

時間，使用從北海捕魚的漁網製成的。

海產攤的現場還設有 QR Code，向路人提供有關該漁獲和過度捕撈造成海洋生物滅絕的訊息。

「海洋守護者」指出：「根據一項科學研究，如果當前過度捕撈和汙染的趨勢繼續下去，到 2050 年，幾乎所有海洋生物都將滅絕。」

這項宣傳活動主要是強調：「隨著每年越來越多的魚類消失，很可能最後剩下唯一能捕獲的將是塑膠、漁網和碎片。」

另外，「海洋守護者」也推出了一支 60 秒的廣告影片，影片表現 2050 年漁船出海捕魚的典型一天。從影片中看起來一切都很正常，漁網被拉起，海產被放在冰上，運到倉庫，再把魚卸載到魚攤上，這時觀眾才會發現魚是用繩子和塑膠製成的。

廣告最後說：「到 2050 年，捕撈到漁網的可能性將超過魚。」

環境惡化的狀況日趨嚴重，環境保護已成為刻不容緩的課題！

2021 年 11 月 9 日，擁有 150 年歷史，番茄醬市場的領導者亨氏（Heinz）宣布推出了「火星版」番茄醬，轟動了世界，各大新聞媒體爭相報導，達到 24 億的訊息傳播量。

亨氏和奧德林太空研究所合作，聘請了 14 個太空生物學

家、3 個航太工程師、2 位番茄專家，打造了 2 間溫室。他們製造了 2.5 噸模仿火星上的土壤，剔除 7 種不合標準的作物，在模擬火星的溫度和大氣條件下種植番茄。

經過 3 年的研發終於成功，並將研究成果發布於 10 本科學雜誌上，最後舉辦記者會公開發布。

在記者會上，亨氏展示了第一瓶「火星版」番茄醬，這是一種特殊配方，由在極端溫度和類似於火星的土壤條件下生長的番茄製成，口味和現有的一模一樣。

火星的土壤含有一種叫做「高氯酸鹽」的有毒化學物質，需要去除這些化學物質才能讓植物生長；而且火星也沒有那麼多的陽光，比地球冷約華氏 100 度（攝氏 37.8 度），其大氣主要包含二氧化碳。此外，它的重力只有地球的 40%。

亨氏指出，推動這項研發工作背後的目的並不是要慶祝 150 週年，而是要發出危機預警，因為 60 年後所有的農作物都會因土壤惡化而消失，亨氏的使命是對抗土壤惡化，做好未來 150 年在其他星球生產農作物的準備！

當像亨氏這樣的標誌性品牌達到 150 年的歷史，不是慶祝過去，而是決定展望未來時，真是令人敬佩！更重要的是，透過它的宣傳，讓人們對土壤惡化問題更加的關注和重視！

近年來，ESG（環境、社會和公司治理）的概念和實踐得到了廣泛的關注和推廣，有越來越多的投資者開始將 ESG 因素納入他們的投資決策過程中。有許多國家和地區的政府

機構、監管單位以及國際組織，都在推動 ESG 相關的法規和政策。

此外，社會各界對企業的期望日益增加，ESG 對於企業的品牌聲譽和消費者選擇有重要影響。消費者越來越關注企業的社會責任和環境影響，並傾向於選擇具備良好 ESG 表現的商品和服務。ESG 也成爲吸引和留住優秀人才的關鍵因素之一，員工更傾向於在具備良好 ESG 表現和社會責任的企業中工作，並與企業的使命和價值觀產生共鳴。

從地球到火星，從環境保護到永續發展，行銷要放眼未來！

BIG 419

行銷的多重宇宙：36 個無往不利的行銷創意

作　　　者	陳偉航
圖 表 提 供	陳偉航
責 任 編 輯	廖宜家
主　　　編	謝翠鈺
行 銷 企 劃	陳玟利
封 面 設 計	斐類設計工作室
美 術 編 輯	劉秋筑

董 事 長	趙政岷
出 版 者	時報文化出版企業股份有限公司
	108019 台北市和平西路三段 240 號 7 樓
	發行專線　　　　(02)23066842
	讀者服務專線　　0800231705‧(02)23047103
	讀者服務傳真　　(02)23046858
	郵撥　　　　　　19344724 時報文化出版公司
	信箱　　　　　　10899 台北華江橋郵局第 99 信箱
時報悅讀網	http://www.readingtimes.com.tw
法 律 顧 問	理律法律事務所　陳長文律師、李念祖律師
印　　　刷	勁達印刷有限公司
初 版 一 刷	2023 年 9 月 15 日
定　　　價	新台幣 360 元

缺頁或破損的書，請寄回更換

時報文化出版公司成立於一九七五年，
並於一九九九年股票上櫃公開發行，於二〇〇八年脫離中時集團非屬旺中，
以「尊重智慧與創意的文化事業」為信念。

行銷的多重宇宙：36 個無往不利的行銷創意 / 陳偉航著 .
-- 初版 . -- 臺北市：時報文化出版企業股份有限公司 , 2023.09
　面；　公分 . -- (Big ; 419)
ISBN 978-626-374-080-8（平裝）

1.CST: 行銷 2.CST: 行銷策略 3.CST: 行銷案例

496　　　　　　　　　　　　　　　　　112010993

ISBN 978-626-374-080-8
Printed in Taiwan